生态城市

——人类理想居所及实现途径

[德] 费林·加弗龙
[荷] 格·胡伊斯曼　编著
[奥] 弗朗茨·斯卡拉
李海龙　译

U0323648

中国建筑工业出版社

著作权合同登记图字：01-2012-4626号

图书在版编目（CIP）数据

生态城市——人类理想居所及实现途径/（德）加弗龙，（荷）胡伊斯曼，（奥）斯卡拉编著；李海龙译. —北京：中国建筑工业出版社，2015.4
ISBN 978-7-112-17856-8

Ⅰ.①生…　Ⅱ.①加…　②胡…　③斯…　④李…　Ⅲ.①生态城市–城市建设–研究　Ⅳ.①X21

中国版本图书馆CIP数据核字（2015）第042494号

责任编辑：吴宇江　率　琦
责任设计：董建平
责任校对：陈晶晶　赵　颖

生态城市——人类理想居所及实现途径
[德] 费林·加弗龙
[荷] 格·胡伊斯曼　　编著
[奥] 弗朗茨·斯卡拉
李海龙　　译
*
中国建筑工业出版社出版、发行（北京西郊百万庄）
各地新华书店、建筑书店经销
北京锋尚制版有限公司制版
北京方嘉彩色印刷有限责任公司印刷
*
开本：787×1092毫米　1/16　印张：11　字数：197千字
2016年6月第一版　2016年6月第一次印刷
定价：78.00元
ISBN 978-7-112-17856-8
（26736）
版权所有　翻印必究
如有印装质量问题，可寄本社退换
（邮政编码　100037）

前　言

　　以私家车为导向的城市蔓延在当今城市建设过程中持续发酵。这种模式占用大量土地，增大交通流量，导致有限化石燃料的巨大耗费，产生污染，从而危害环境和人类健康。

　　与这种发展趋势相反，生态城市由结构紧凑、行人为本、功能混合的住区组成。这些住区形成一个多中心、公共交通导向的城市体系。同时，生态城市以设计优良的综合绿地和文化遗产为公共场所，是一个宜居宜业之所。

　　生态城市的可持续发展、资源节约和宜居社区为居民健康、安全和福祉提供了许多益处，从而增强了人们对属于"他们的"生态城市的认同感。

　　本书为欧盟资助项目"生态城市——面向可持续交通的城市发展合理格局"的总结，也是欧洲生态城市土地利用与交通研究（LUTR）集成项目研究成果的手册之一。这个项目由12个可持续城市交通、土地利用前瞻性和环境问题的研究项目共同组成，其目标是制定城市可持续发展战略方针和研究建立城市规划方法，促进城市可持续发展。

　　本项目对7个欧洲城市示范居住区进行了规划建设研究，并阐述了与这一过程相关的原则和7个示范区的具体情况。结果表明这些城市住区为人们提供了一个更宜居的地方。

　　生态城市的所有参与者——政府、企业和居民——实际上都受益于生态城市的宜居环境（有吸引力、安静、安全和健康）和较低成本（如用于基础设施投资）。生态城市也对特殊群体具有重要意义：例如，生态城市惠及步行及骑自行车者、儿童、老人及残疾人士，从而增加便捷性和可达性。

　　生态城市规划的复杂过程要求采取综合的办法才能取得成功。对于适合生态城市的城市规划模式，要考虑的主要问题是：选址、生活方式、交通基础设施和能源系统。而生态城市得以实现的重要前提在于诸多受益者之间的有效沟通与合理的规划过程。

《生态城市——人类理想居所及实现途径》由费林·加弗龙、格·胡伊斯曼和弗朗茨·斯卡拉编著，参与供稿者有：Rolf Messerschmidt，Calos Verdaguer，Jan Kunz，Rainer Mayerhofer，Csaba Koren，Kari Rauhala，Peter Rakšányi，Francesca Sartogo。本书以图文并茂的形式介绍了生态城市发展概念和相关研究进展，包括生态城市的简介和定义；生态城市的总体目标、愿景和规划建设要素；生态城市的优势和成功经验；生态城市的发展指南；生态城市的规划过程、技术和工具；生态城市的经验借鉴，并阐述了7个案例区域的具体做法以及通过本项目取得的经验和主要结论。

本书兼具科普性和专业性，是生态城市研究和规划建设方面可读性较强和读者群较广的出版物。

目 录

第1章 绪论

1.1 背景

根据欧洲共同体委员会编制的"欧盟城市可持续发展：行动框架"表明，"欧盟大约有20%的人居住在25万以上人口的大城市，20%的人居住在5万~25万人口的中等城市，此外有40%的人居住在1万~5万人口的小城镇"[欧洲共同体委员会，1998，P2]。这表明80%的欧洲人口居住在城市，其中大部分人居住在中小城市或小城镇。

虽然住区可持续发展的理念在理论和实践层面都已得到普遍认可，但近几十年城市增长模式往往和这种理念相矛盾。比如城市郊区化产生了空间分散、功能隔离的居住区结构，在城镇周围呈带状的无序扩展，而曾经拥挤的老城区人口在不断下降。目前这种趋势仍在继续，导致交通量不断增大，环境压力不断增强（如废气排放导致的空气污染或因二氧化碳排放引起的气候问题），因此许多旨在促进可持续交通发展的措施成效大打折扣。

这种增长模式也使本应为子孙后代保留的资源（如能源和土地资源）处于过度开发状态。无序的城市扩张消耗了大量的土地、能源，特别是交通能耗持续增加。环境，作为子孙后代生存的基础和人类健康和整体生存质量根本，由于资源过度开发被破坏。

针对这种趋势，欧盟委员会提出了发展可持续住区和改善城市环境的目标，称之为"支持多中心、均衡的城镇体系，推进资源节约型住区格局，最大限度地减少土地和城市扩张"[欧洲共同体委员会，1998，P6-15]。

这种模式在与欧洲共同体委员会的沟通中得到进一步阐释，"面向城市环境的专题战略"（欧盟其他政策性文件中其也提到类似题目）指出，"在棕地及空置住房重新利用的基础上，重视加强高密度、功能混合居住功能区的使用，同时应对城市扩张进行有序规划，而不应任其无序扩张"[欧洲共同体委员会，2004，P30]。

高密度和混合使用是典型的行人优先的居住区格局。最近许多城市发展理念，包括欧盟'明日之城和文化遗产（生态城市计划是其子项目）'项目的关键行动计划，都强调面向可持续交通的城市格局设计。该关键行动计划的目标是"通过长远的战略规划，鼓励发展替代私家车交通的土地利用格局，从根本上减少城市污染和拥堵，保障交通系统的安全、便捷和廉价"[欧洲委员会，1998-2002年]。

由于建筑寿命周期长，同时既有建筑更新缓慢，因此非常需要有这种战略和长期措施来保障。当前按照出行需求制定的土地利用格局和城市规划措施的影响也是长期的，这意味着土地利用规划措施构建的城市格局是服务于世代人的交通格局。因此，不可持续的发展战略将会导致长远问题的出现，"但是如果我们可以在新的开发中引入可持续发展理念（如交通最小化），将是一个在十几年就有回报的最具价值投资"[PLUME，Cluster LUTR[①]，2003]。

欧盟资助的生态城市项目（名称为"面向可持续交通的城市发展合理格局"）计划通过对7个示范社区进行设计，落实可持续发展目标。该项目旨在展示未来能满足可持续发展要求的城市生活的可行性。未来的居住区格局要可持续性，我们的后代可在这些高品质居住区中生活。

根据以上欧盟委员会的愿景与目标，本生态城市项目聚焦于发展一种紧凑、节约空间的居住区格局，形成与环境相协调的交通体系。这意味着在城市规划中优先考虑可持续交通的需求，设计便于行人、自行车及公共交通的空间格局，构建更加高效的物流配送网络。

此外，也有一些固有的空间格局与生态城市理念格格不入，应该坚决予以杜绝。这种格局大体可总结为"要素的无序扩张"，如需要新占土地的分散独户住宅，或占用自然土地的大型购物休闲中心。这种城市格局对生态质量有巨大的影响。

由于既有城区更新和新城建设（主要集中在自然用地）往往同时进行，因此从战略角度来讲，既要考虑采取可持续措施，也要避免带来新的问题。生态城市既可通过新建社区实现，也可通过调整现有居住区格局来实现。新建社区在建设示范社区方面有明显优势，因为其可以设计最优的空间格局。然而，考虑到既有建筑更新缓慢，城市规划的主要挑战仍是如何将既有社区改造成为生态社区。从这个意义上讲，示范居住区更应帮助广大既有居住区接受这种更新理念。

在树立标杆示范案例基础上，也应通过制定由激励机制、法律、行政

---

① 生态城市项目是土地使用和运输研究（LUTR）集群的一个组成部分，它连接了12个协同项目，致力于与土地利用和环境问题相关的可持续性城市流动。共同的目标是，在城市规划中发展战略性方针、方法，为促进城市可持续发展作出贡献。这包括以下方面：交通运输需求与土地使用规划之间的联系；设计和提供高效、具有创新性的交通运输服务，如替代的运输方式，以及最大限度减少负面的环境和社会经济影响（更多信息请参照：http://www.lutr.net/）。

文件组成的行动框架，来鼓励、支持和促进可持续城市的开发和设计，同时阻止无序的城市蔓延，这种"蔓延"并不是真正的"城市"。这些激励机制可包括限制私人发展的补贴，只将其运用于高密度城区的居住建筑上，从而也可限制分散的独栋住宅。如德国制定的"城市发展措施"是一个能够有效促进小城镇新区开发中实施可持续发展的有效法律文件，可辅助制定土地的销售和购买价格标准。

生态城市的特点是什么？

生态城市的理念是实现人与自然的平衡，可通过建设节地、节能的住区格局，结合满足可持续发展总体目标的交通、物流、水循环系统和生物栖息地格局（详见1.2节）。

生态城市是由结构紧凑、行人优先、混合使用的社区或邻里单元组成，整合形成由公共交通引导的多中心城市体系。生态城市应有由精细设计的公共空间、绿地和历史文化遗产共同创造的丰富多彩的环境，是一个极具吸引力的宜居、宜业之地。这种可持续、宜居的住区格局，提升了居民的健康，安全、幸福，并增强对生态城市的身份认同。

生态城市与其他示范项目、当前常见的城市发展模式有何不同？

生态城市与其他示范项目相比，最主要的区别是为满足行人、自行车和公共交通要求，对城市格局进行更紧凑的调整。而和当前常见的城市发展模式（包括无序扩张）相比，其差异性主要体现在能更有效地利用能源，减少对自然的破坏，为居民提供更有吸引力的环境。

生态城市有诸多益处，小到为个人提供便利，大到有利于全球可持续发展。生态城市的所有参与者（包括个人、团体和机构）都可从中获益，如生态城市可以提供更多具有吸引力、安全、静谧的环境，从全生命周期来降低成本，减少对人类健康影响和环境破坏的修复费用（详见第3章）。

不同参与者眼中生态城市的缺点？

规划师、建设者、生态城现有居民和未来入住居民对此问题的回答各不相同：

- 对于规划师、开发商和社区居民而言，最大的挑战在于规划和实施过程更为复杂（如要考量许多不同、甚至相背的要求，要使诸多参与者和利益相关者之间达成一致意见），因此整个过程所需时间也相对较长。

- 对于生态城市现有居民而言影响很小。他们一般可以继续他们往常的生活（相对于新建的传统住区），来自汽车交通的持续危害会较少。但在施工阶段可能有一定的不利影响（如噪声、施工交通）。

- 对于未来入住居民而言，他们在决定搬入生态城市之前已经了解生态城市的生活环境（如小汽车使用量低，汽车服务设施相应减少），但不应该认为是弊端。初期投资成本可能会较高，但从全生命周期来看成本较低。

生态城市的大部分缺点不高于，甚至大大低于传统开发项目。目前生态城市最大的问题来自于其根深蒂固的观念、行为和模式的挑战。因此，准备建设生态城市的重要任务就是清晰、坚定的表明这些优势，打消人们对新事物或未知事物的担忧和恐惧。

然而，作为一种城市开发，生态城市不可能让利益相关者在做出决定前进行尝试。因此，有关各方必须想象生态城市的"功能"和生活在那里的所有好处。本书关于生态城市概念的描述可以对此有所帮助。

本书选取了不同大小、不同气候区、不同类型（改扩建、新建和已建地区）的7个居住区进行发展理念示范。在这个过程中，优先考虑创造一个可持续发展交通模式框架，为行人、骑自行车者、公共交通和高效的物流配送提供方便，同时也要寻求能源、物资流动和社会经济部门的可持续解决方案。这项工作由一直涉及这些部门的专家构成的跨学科规划小组进行。并且，重点也放在了社区参与上。这些理念尝试实现生态城市的愿景（详见第2章），在规划阶段落实生态城市格局，促使其得到实施，将其作为一个最佳实践案例，支持利益相关者做出面向可持续发展的决策。

1.2 定义

可持续发展和可持续交通概念是生态城市项目的核心理念，在不同语境下已被多次陈述和解释，因此以下各节仅对其与生态城市相关的内容进行界定。

1.2.1 可持续发展

可持续发展概念本身不是最新提出的，人类历史进程中的许多文明已经认识到环境、社会和经济之间和谐共生的关系。相对较新的是在一个全球性的工业和信息社会的背景下，这些想法的衔接。

在世界环境与发展委员会发布的"我们共同的未来"报告（又称"布伦特兰报告"）中，对可持续发展有如下定义："人类有能力让发展可持续，是既满足当代人的需求，又不对后代人满足其需求的能力构成危害的发展"[1987年，P24]。

人们通常希望很多事物可以可持续的发展，如一个活动、一个机构、经济交易，或本书所指的住区。实际上这些事物都是一个大系统的组成部分，我们应维持大系统及其运转的可持续。从本质来看，促进人类可持续的核心要求是关注系统（例如人类社区）与人类赖以生存的自然环境之间（外部）的关系上。

为了实现可持续发展，系统的输入和输出必须符合以下规定：

- 资源利用率（物质和能源输入）不得大于它们再生的速度。
- 排放率（输出）必须不大于系统产生的污染物被净化的速度。

但为满足这些要求，必须考虑系统内不同要素的内部关系，因为这些过程决定了更好地进行可持续发展所应采取的步骤。

为了解决人类社会整体系统的复杂性，不同学者将其分为不同的子系统。最常提到的划分方法[如Camagni, R. et al., 1998; Castells, M., 2000]是首先关注环境/生态问题，同时强调社会和经济，最终实现平衡（"三大支柱/维度模型"）。要实现这种平衡必须进行妥协，因为通常这三个方面的需求是互相矛盾的。我们必须要学会更有效地利用自然资源，不能通过改变自然规律来满足人类的过度需求。如果人类要继续生存和发展，必须调整自身系统来适应自然环境的容量。

在Hangue（1999）举办的城市可持续发展战略会议认为，生活质量、公共健康、环境问题、社会凝聚力、原则和价值观都应该成为所有欧洲国家在制定城市和城镇发展政策中要考虑的因素。在适当的范围内，无论是在地方层面、国家层面还是欧洲层面上，这些都应该通过城市愿景——"审议并纳入经济、社会和环境目标"[1]来发展（作者强调）。这三个"系统"（见图1-1），有时也被称为维度，是一般的长期可持续的主要领域。

面对复杂的城市系统，应将城市发展的几个主要领域作为子系统进行考虑。生态城市项目重点关注以下几个主要领域：城市格局、交通、能源、物质流和社会经济。这些子系统必须可持续，并且要整合到整个城市系统

---

[1] http: //www.bremen-initiative.de/lib/background/the-hangue-statement.pdf [accessed 14.3.2005].

图1-1
生态、经济和社会
文化支持下的可持
续发展

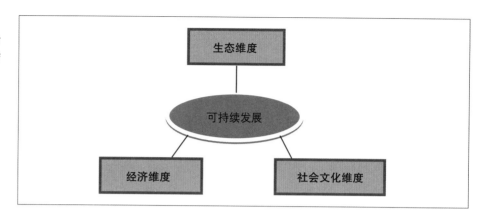

中，来满足上述可持续发展的两个关键要求。

可通过完成以下目标来满足可持续发展的要求：

- 最大限度减少土地、能源和材料的使用。
- 最大限度减少对自然环境的破坏。

为实现生态城市的总体目标，对以上发展目标有所拓展，生成一个目标清单（详见第2章），包括：

- 最大限度满足人类福祉（生活质量）。虽然可持续住区的总体目标可实现更高的生活质量，但社会领域的其他方面也需要实现。
- 最大限度地降低全生命周期成本（生产、使用和处理）。成本是决定项目实施的重要因素，但应优先考虑可持续发展质量。
- 最大限度减少交通需求。合理的交通状况是城市系统可持续发展的基本要求。此目标与"生态城市总体目标"息息相关。

1.2.2 可持续交通和可达性

出行能力

欧洲环境词典 [欧洲环境机构多语环境词汇①]将"出行能力（mobility）"定义为："团体或个人迁移或改变工作，或从一个地方移动到另一个地方的能力"。然而在最近几十年，出行能力凸显其重要性。随着出行距离和速度的增加，与过去相比，人们普遍需要走更远的距离来上学、上班、购物、访友，回家等等。在生态城市的语境里，出行能力有更精确的定义。

高出行能力（人类主要特征）被定义为花费最短的时间、最短的距离可到达尽可能多地方的能力。因此较短的出行时间不是通过提高出行速度，

---

① http: //glossary.eea.eu.int/ EEAGlossary [accessed January 2005].

而是通过缩短通勤距离来实现。这种出行能力只能在生态城市的城市格局中才能实现。

可达性

韦氏在线词典[①]关于"可达性"的定义是："可达性意味着能够到达（可达范围）或可被使用（可被使用）"。城市规划将"可达性"定义为到达目的地所需要的时间。这个时间主要取决于从起点到终点的物理距离及出行速度。因此理论上可以通过增加速度来实现可达性的最大化。由于交通体系的固有问题（如堵车）、使用私家车的不稳定性和普遍对可持续发展的要求（包括减少污染和能源消耗），很大程度上限制了出行速度，因此实现良好可达性的首选办法是减少出行所需距离。

生态城市良好的可达性可理解为在时间和空间上，尽量就近提供各种必需的设施，辅以高质量、与环境协调的交通体系（如通畅、无障碍的步行和自行车路线，有吸引力的公共交通路线）。在生态城市中，良好的可达性（城市格局特征）是高出行能力的基本要求（人的特点）。二者共同可创建一个短距离的城市来实现可持续发展。

1.2.3 生态城市

城市的可持续发展途径既包括对既有住区进行细微、循序渐进的调整，也可发展全新的解决方案。一些途径集中在将城市发展理论作为行动框架，另外部分则关注提供多种选择的实施方案。目前"生态城市"的定义主要被作为一种全新的、可代替当前发展趋势的可持续城市解决方案。

作为一个传播生态城市理念的先驱机构[②]，"美国生态城市建设者（Ecocity Builders）"组织通过召开系列"国际生态城市会议"，致力于重塑城市、城镇和村庄来实现人类和自然系统的长期健康。生态城市建设者和类似组织通过一些特定原则来定性描述生态城市，如在中国深圳召开的第五届国家生态城市会议（2002年8月）提出的生态城市宣言。

生态城市的一个核心原则是为人而并非为汽车来建设城市。德国的一个著名案例是Förderverein Ökostadt e. V.[③]试图在柏林之外找到一个适合建设

---

① http：//www.m-w.com [accessed January 2005].

② 生态城市建设者，美国加利福尼亚州立大学伯克利分校，http：//www.ecocity builders. org [accessed March 2004].

③ Förderverein Ökostadt e. V., Berlin/Lychen, http：//www.oekostadt-online.de [accessed March 2004].

生态城市的地点。

本书依托的"生态城市示范项目"是理论结合实践的一个重要探索，既包括愿景的制定，也包括了实际的示范居住区的规划工作。

这个项目将生态城市定义为：一个可持续发展和宜居的城市或城镇的愿景，通过较小的居住单元来实施，将一个示范街区或邻里单元做为整个社区的样板。

此项目把城市街区（Urban quarter）作为城市的一部分，有明确功能或空间边界，是一个小尺度的功能综合体。城市街区通常由多个邻里单元组成。

第2章　生态城市发展目标

本章阐释了生态城市的规划框架（图2-1），根据可持续发展要求和生态城市总体目标，提出了生态城市的愿景（2.2节）和生态城市发展目标（2.4节）。这些目标根据生态城市的规划范畴和城市发展的四个主要领域来组织，如城市格局、交通体系、能源和物质流、社会经济（2.3节）。本书通过介绍在邻里单元层面上如何将生态城市的理想变为现实，从而告诉读者这种邻里的具体状况。

本书的以下章节将详细介绍实现这些目标的具体措施。

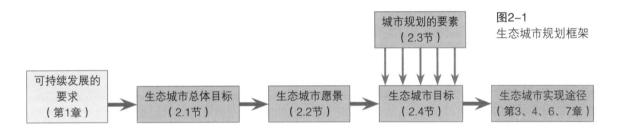

图2-1
生态城市规划框架

2.1　生态城市总体目标

为对生态城市规划提供更多的具体指导，将可持续发展的总体目标（1.2.1节）进行扩充细化，按照重点领域列出分项目标，最终得到"生态城市总体目标"清单（图2-2）。许多目标都用"最大限度"或"最小限度"的表述，来表明城市规划的特征属性。

图2-2
生态城市总体目标

生态维度

- 最大限度地减少土地需求（特别是绿地）
- 最大限度地减少初级材料和初级能源的消耗量
- 优化城市和区域的物流联系
- 最大限度地减少对自然环境的损害
- 最大限度地尊重自然环境
- 最大限度地减少交通需求

社会文化维度

- 满足基本需求，并实现人文关怀
- 最大限度地减少对人类健康的损害
- 最大限度地增加精神健康和社区归属感
- 最大限度地尊重人文背景
- 创建一个良好管理体系
- 最大限度地增强可持续发展意识

经济维度

- 实现多元化、抗风险和创新的本地经济
- 全生命周期内成本最小化（生产力最大化）

此处的最大限度减少（例如土地或能源消耗）并不意味着将其降低到0%，而是要综合考虑其他相关目标，达到最优的最低消耗。同样，最大限度（如最大限度尊重自然环境）也意味着实现最优化的最大值。

以上目标大部分是相关联的，要么或多或少的指向同一方向，要么需要能够实现两个截然相反目标的解决方案（例如，减少交通需求与满足基本需要，如流动性）。为能以最优的方式实现这些目标，规划时要因地制宜充分考虑当地的条件（气候、文化、环境问题等等），单独制定每项任务或项目的规划解决方案。

2.2 生态城市愿景

除生态城市总体目标之外，城市规划领域过去和当前的一些理念对形成生态城市愿景有非常重要的作用。以下章节将详细阐述。

2.2.1 有益于生态城市愿景形成的规划理念

虽然表述城市可持续发展的术语不同，但其理念可通过城市规划理论与实践的发展脉络，追溯到19世纪中叶，"城市科学"作为一个学科首次出现。虽然不能详细阐述这些理念的发展历程，但此处会列出与生态城市核心思想相关联的重要规划理念，具体包括城市与交通规划、城乡关系、城市密度、城市地域范围、城市的社会发展阶段、资源和能源保护等。

以下列出了19世纪60年代至20世纪70年代间与生态城市核心思想相关的规划理念：

- 城市化一般理论——Ildefonso Cerdá：公共交通、混合土地利用和凸显自然是几何城市网格（1867）的基本要素；部分理念在巴塞罗那扩建规划中有所运用。

- 线性城市——Arturo Soria y Mata：强调城市沿着电车或铁路合理地线性发展，拉近了城市和乡村的距离（1882年）；该理念与卫星城理念一起，被应用到1949年制定的哥本哈根"指状规划"中。

- 花园城市——Ebenezer Howard：将绿地融入中等密度和限定规模的居住区中，以增加绿色空间的可达性（兼具城市和乡村优势）；通过铁路将这些住区连成一个多中心的城市发展格局（1898年）。该理念在欧洲产生广泛的影响力，并发展成为一种运动。

- 田野、工厂和车间——Piotr Kropotkin：紧凑、混合的土地利用模式（工业，居住和文化遗产），实现资源自给（1898年）。

- 有机城市——Patrick Geddes and Lewis Mumford：城市作为一个有机体，不断适应变化的环境；分散、混合的土地利用模式（1915年）。

- 邻里单位——Clarence Perry：城市由最大半径为1/4英里或400米左右（步行距离）的细胞单元围绕着一个具有综合功能的城市中心而组成（1923年）；该理念被应用于英国新建城镇和1944年Abercrombie和Forshaw制定的大伦敦计划。

- Radburn模式——Clarence Stein and Henry Wright：通过不同层级的道路和小路形成机动车交通和步行分离的交通网络；该理念被应用于美国的Radburn花园城（1928年）。

- 社会城市——Jane Jacobs：街道是城市生活的主要吸引点；自下而上的规划方法（1962年）。

- 设计结合自然——Ian L. McHarg：区域尺度上生态优先的多因子叠加分析设计方法（1969年）。

- 模式语言——Christopher Alexander：永恒城市的组织化和以社区导向的新型设计工具为形式的建设模式（1979年）。

虽然这些理论各不相同，但持续影响了整个20世纪后半期。在欧洲，城市规划的思想和活动无疑受"雅典宪章"影响最大，在美国，则受城市蔓延影响最大。然而，一些旨在平衡这些主流实践的理论也在并行发展，并逐渐衍生成为新的理念。这些新理念部分来源于对历史的梳理，部分则运用新的思维方式和新的技术领域和知识来解决20世纪以来出现的新问题。

在过去20年产生的新兴理论中，以下理念对生态城市规划有非常重要的作用：

- 新城市主义——Andres Duany，Sim van der Rijn及其他：北美洲兴起的恢复中小城镇传统社会价值观的做法，以此反对郊区化。精明增长是这种理论在城市规划之上一个比较笼统的概念。

- 步行地块——Peter Calthorpe：基于交通网络连接的紧凑的多功能住区单元（适合行人）来实现城市增长。这一理念也属于新城市主义的范畴。

- 基于新城市主义宪章的公共交通导向的城市发展[①]：将区域增长集中

[①] 新城市主义大会（2001）（Congress for the New Urbanism（2001）），http://www.cnu.org/cnu_reports/Charter.pdf [accessed January 2005].

在交通廊道周围的区域或城镇中心地带，形成紧凑、混合开发、步行尺度的城市格局。该理念运用在美国一些城市，如俄勒冈、波特兰。

- 欧洲紧凑型城市：重新认识到欧洲的传统紧凑型城市是体现城市可持续发展价值观的最好范例：紧凑、混合的土地利用、街道为主的公共空间、空间紧邻等。关于可持续交通，这一概念与降低交通流量密切关联，并在多处被提到，特别是在欧洲委员会20世纪90年代出版的《城市环境绿皮书》中明确提到；该理念由René Schoonbrodt、Leon Krier、Andreas Feldtkeller、Richard Rogers和Salvador Rueda等专家共同提出。

- 可持续交通：将交通视作一个城市可持续发展的结构性要素，通过一系列措施来整体进行解决。Jeff Kenworthy、Peter Nijkamp、John Whitelegg、David Engwicht、William H. Wythe和Jan Gehl等提出了这种理念，但仍处于发展阶段。

- 生态城市和生态村镇——Richard Register：生态城市作为一个工具，使依赖汽车的大城市（包括无序蔓延）重构成为多中心格局，增加中心区密度，在隔离带恢复自然和农业景观（高度重视生态系统和栖息地的尺度）。

- 网络城市（Netzstadt）——Franz Oswald and Peter Baccini：瑞士一个基于毗邻社区的区域合作来实现城市更新或重建的新模式，形成一个网络城市（net city）（如Netzstadt Mittelland Aarolfingen则是由Aarau、Olten、Zofingen几个城镇组成）；统筹考虑交通发展与生活、工作的空间开发，以实现协同效应。

- 景观都市主义：将景观设计工具应用在城市范围内。美国的James Corner、Charles Waldheim和欧洲的Kees Christiaanse提出了这一理念。James Corner在纽约的Fresh Kills公园竞标中应用了这一理念。

2.2.2 生态城市特征

生态城市愿景不仅能展现生态城市的整体印象，也可提升人们对可持续城市规划问题的认识。生态城市愿景作为所有参与者的共同追求，有助于大家关注一个共同的目标，引导向生态城市前进。生态城市愿景具有可持续社区的特征，包含了城市发展的所有相关领域。除城市格局和交通体系设计相关的要素外，还包括能源、物质、社区生活方式和城市经济有关的功能（图2-3）。因此，生态城市愿景及相关目标的实现依赖于综合性的规

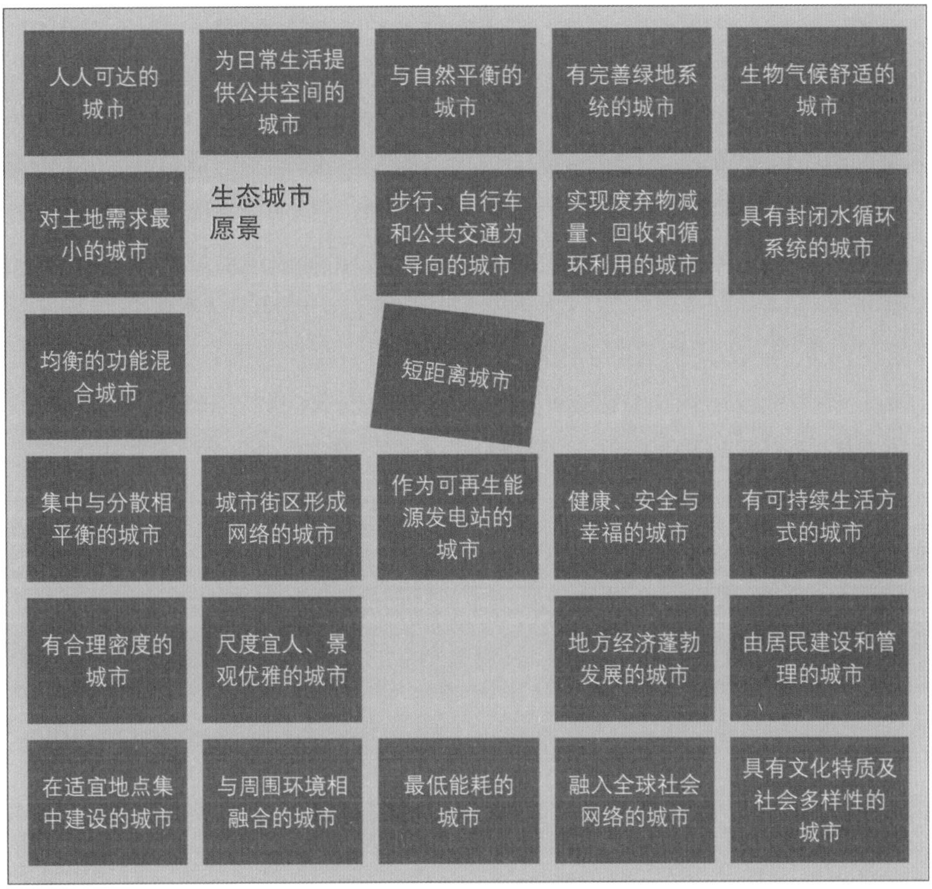

图2-3
生态城市愿景特征
示意图

人人可达的城市	为日常生活提供公共空间的城市	与自然平衡的城市	有完善绿地系统的城市	生物气候舒适的城市
对土地需求最小的城市	生态城市愿景	步行、自行车和公共交通为导向的城市	实现废弃物减量、回收和循环利用的城市	具有封闭水循环系统的城市
均衡的功能混合城市		短距离城市		
集中与分散相平衡的城市	城市街区形成网络的城市	作为可再生能源发电站的城市	健康、安全与幸福的城市	有可持续生活方式的城市
有合理密度的城市	尺度宜人、景观优雅的城市		地方经济蓬勃发展的城市	由居民建设和管理的城市
在适宜地点集中建设的城市	与周围环境相融合的城市	最低能耗的城市	融入全球社会网络的城市	具有文化特质及社会多样性的城市

划方法（第5章）。

　　生态城市愿景集中体现在生态城市项目自身的总体目标，即建设一个强调交通体系与环境协调的可持续城市住区格局。它不仅与城市的所有社区相关联，也希望引导生态街区规划成为这种社区要素。

　　生态城市的特征有许多关联之处。为说明城市可持续发展必须平衡多方面需求，特以两个重要特征为例，说明它们与其他特征间的联系。

　　"短距离城市"的特征与生态城市项目总体目标密切相关，并处于核心地位。如生态城市的选址最好靠近城市中心或次中心（所有人可方便达到的城市），具备发展高效公共交通的潜力（在适宜的地点集中建设城市），这与城市开发紧密关联（城市街区组成的城市网络）。一个紧凑的城市可满足居民生活、工作和日常活动（均衡功能混合的城市）的需求，实现交通格局与环境协调发展，提高可达性（步行、自行车和公共交通为导向的城市；人人可达的城市），减少对私家车的依赖（有可持续生活方式的城市）来降低机动车使用量。这将最大限度减少噪声和空气污染（健康，安全、幸福的城市），提供不受或少受汽车干扰、高舒适度的公共空间（有日常生活所需公共空间的城市）。

"合理密度的城市"将通过棕地再利用或规划高密度建筑来减少土地消耗（对土地需求最小化的城市），也可成为社区供热系统能够保持有效能源供给的基础，例如通过木柴或沼气供热（最低能耗的城市），通过高密度社会结构促进人们之间的交往（为日常生活提供公共空间的城市）。同时，城市密度也被市民需要所限制，因为市民要求有开放空间（有完善绿地系统的城市）、布设雨水管理与污水处理设施（具有封闭水循环系统的城市）的要求所限制。密度也会受限于居民对充足阳光和日照的需求（健康、安全、幸福的城市和生物气候舒适的城市）和朝南建筑主动利用太阳能的需求（最低能耗的城市）。

2.3 生态城市规划和开发涉及的要素

生态城市规划涉及五个要素：环境、城市格局、交通、能流与物质流、社会经济（图2-4）。这些要素都涵盖很多方面，共同构成了2.4节中生态城市发展的各种目标。

按照生态城市规划的五要素组织的生态城市总体目标（见2.1节）表明，一些发展目标与生态城市规划所有要素都相关，而另外一些只与其中一个或两个规划要素关联。

图2-4
生态城市规划涉及
的要素

背景，指所有物质的和虚拟的环境与城市之间的相互影响，它提供了理解内在功能的总体框架。生态城市规划的相关方面：自然环境，建成环境。

城市发展的领域

城市格局，指被视作相互关联系统的城市物质实体。生态城市规划的相关方面：土地需求，土地利用，景观/绿色空间，城市舒适度，公共空间，建筑物。

交通，指经过或进出城市的人、物、数据的物质或虚拟流动。生态城市规划的相关方面：慢行交通/公共交通，私人机动车交通，货物运输。

能流与物质流，指能源或物质在空间和不同城市及物质网络中的移动或流动。生态城市规划的相关方面：能源，水，废弃物，建筑材料。

社会经济，指决定城市社会进程和经济生活的人类活动。生态城市规划相关方面：社会议题，经济，成本等。

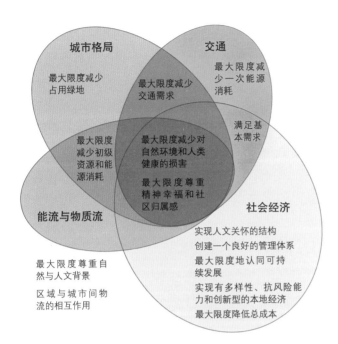

图2-5
根据生态城市规划
要素确定的生态城
市总体目标框架

2.4 生态城市的具体目标

以下各节将以表格的形式分别阐释了生态城市规划五要素的发展目标。表格不仅列出了本要素相关的总体目标，也详细指出了本规划要素的具体目标（图2-5）。每个表格后的文字解释要素与目标相关联。此外，"生态城市愿景"的图形被复制在每段文本旁，来强调相关的功能，说明2.2节提出的生态城市目标和愿景间的联系。

2.4.1 （区域和城市）环境目标

表2-1
生态城市的（区域
和城市）环境目标
和相关规划领域具
体目标

生态城市总体目标	
➢ 最大限度地尊重自然与人文背景：景观、自然、农业、城市肌理、地域特色、文化，基础设施、混合使用，本地经济 ➢ 最大限度地尊重精神幸福和社区归属感：健康与娱乐，文化认同 ➢ 优化城市与区域间相互的物质流：水、能源、食物	
具体目标	
自然环境	· 努力保护周边景观及其自然要素 · 可持续地利用周边景观，将其作为社会和经济的基础 · 根据气候、地形、地质环境进行规划
建成环境	· 努力形成多中心、紧凑的、交通引导型的城市格局 · 根据供给或配置系统进行集中或分散布局 · 促进文化遗产的保护，重新利用与复兴

过去20年间许多西欧和东欧国家的建成区面积增加了约20%，远远超过欧盟同期人口增长速度（6%）[欧洲经济区，2002年]。这种发展态势与交通及其他基础设施建设造成的栖息地破碎化直接关联，并对欧洲大部分地区的生物多样性构成了重大威胁[欧洲经济区，2003年]。

在此背景下，新建住区及其基础设施必须精心规划（基于对社会经济需求的明确界定，说明进行新的开发的必要性），彻底融合到区域和城市环境中。因此，生态城市街区的规划必须考虑邻近地区，更好地融合到城市和地区中。选址合理、建筑与自然环境协调融合，是高品质城市街区开发的两个基本要求。

整合工作的重要范例是：将步行、自行车和公共交通融合到现有城市网络中；建设能够增加和完善毗邻街区现有设施的社会基础设施；将景观要素相互连接，形成丰富的绿色空间和栖息地网络。

自然环境

在区域层面，自然环境为人类住区提供了外部环境①。因此，保护周围景观及其自然要素是生态城市规划的基本目标。自然环境的特征（生态系统、栖息地、物种）因地而异，需要维护与提升，同时应避免产生长久的不利或破坏性影响。这些目标必须与为经济和社会目的进行的可持续自然资源利用相平衡。例如，周围景观应作为连接城市街区的游憩区域。这既可提高生活质量，也可提供多项户外游憩活动方式。多元的乡村和都市农业既可提供本地的、受欢迎的有机食品，也可保护由农地利用演变而形成的历史文化景观。当地自然资源也可提升可持续林业和生态旅游的价值。

住区的自然环境包括气候、地形和地质环境。为了达到最佳的生物气候条件必须考虑气候因素，例如城市范围的空气交换系统。规划对地形的尊重可体现为道路设计顺应地形，以方便步行或骑自行车。同时，将建筑结构融入当地景观（取决于气候背景）体现在尽量避免在背阴的阴坡进行建设，使建筑能尽享阳光，光照充足、节约能源。在地质方面，土壤和地下水系统在城市绿化（如造林树种的选择）、雨洪管理和建筑施工中发挥着重要作用。

---

① 在全球范围内，它提供了人类每个个体的生存基础。

建成环境

为确定适宜的生态城市选址，将来选定的地方必须考虑以下几个关键问题：

- 有吸引力的公共交通系统可最大限度提高可达性，形成环境友好的交通模式。一般来说位于现有公共交通的主轴线上或附近区域的选址被认为选中的潜力较高，可以方便经济地进行新区拓展。
- 最大限度减少新占土地，实现紧凑的城市格局。因此区位条件较好的棕地（如前军事、工业、铁路、港口用地）和旧城发展（如高密度地区）更适合建生态城。也应该考虑在周边密度相协调的适宜发展成高密度的地区。

为实现短距离城市的目标，新开发项目要努力形成多中心的城市格局，成为具有综合功能的城市街区网络。选址合理并不是指要有高密度的结构或可以提供有吸引力的公共交通，而是要为实现这些目标创建重要的条件（见2.4.2节）。

针对资源的可持续利用，资源的供给和处理系统（能源、水或废弃物）要求实现集中布置和分散布置的平衡。例如，可以通过区域集中供热系统统一供应相邻地区，而不是使用城市层面的供热管网或小规模的个人住房供暖系统。此外，可以对污染较轻的家庭污水就地建设中水处理设施进行处理，这将有助于完善本地水资源循环、减少集中污水处理厂的压力。

城市住区应融入人文环境。因此生态城市规划应尊重、利用或恢复相关的历史文化遗产（与区域气候、社会条件、政治制度、宗教和种族、居民的年龄、经济状况等相关）。例如当地的历史可影响建筑形态和施工方法、公共广场形状、比例、轮廓和规模，甚至街道设计。这种体现地方特色的做法将有助于维护和产生对生态城市的地域认同感。

2.4.2 城市格局目标

新建居住区大多数仍以单一功能为主，这导致交通出行量大，需要通过小汽车来实现通勤需求，进而带来高能耗、高排放。同时，人均居住面积的增加和建筑密度的降低也极大地增加了交通需求。所以暴露在噪声、空气污染和一些特定物质的城市环境中仍然会产生健康风险[欧洲经济区，2003年]。因此，提升城市环境质量和避免城市扩张仍是欧洲可持续城市规划的重要议题。

表2-2
城市格局的生态城市总体目标和生态城市规划的相关方面

生态城市总体目标
➤ 最大限度地减少对土地的需求（特别是自然生态用地）：避免城市蔓延
➤ 最大限度地减少初级材料和能源消耗：节能、节材的居住结构
➤ 最大限度地减少交通需求：通过优化的功能混合
➤ 最大限度地减少对自然环境和人类健康的损害
➤ 最大程度地实现精神幸福和社区归属感：舒适、宜居、功能混合、方便社会交往、安全、通畅无障碍、美观、多元、通勤距离短、逐渐更新、有足够的工作和生活空间等

具体目标	
土地需求	· 尽可能多地利用现有的土地和建筑物，尽量减少对土地和新建筑的需求 · 合理发展高密度的格局
土地利用	· 平衡居住、就业、教育等用地的功能与分布，提供游憩设施 · 尽量在建筑、街区和邻里单元实现小网格化和功能混合
公共空间	· 为日常生活提供有吸引力和宜居的公共空间 · 考虑公共空间格局的宜居性、认知度和连通性
景观/绿地	· 将自然元素和循环过程纳入城市肌理 · 创建社会可达性良好的景观格局
城市舒适	· 争取每天、每季度和每年的户外舒适性 · 最大限度减少噪声和空气污染
建筑	· 在建筑全生命周期内最大限度地实现室内环境舒适的同时保护资源 · 建筑设计要体现灵活、便于交流和具有良好的可达性

同图2-3

土地需求

将土地作为一种资源进行合理利用是生态城市规划的一个基本要求。区位适宜的棕地和既有建筑（见2.4.1节）应尽可能重复使用，从而减少对土地的需求和物质消耗。另一个优先发展的模式是内部填充式发展，指仅在城市现状格局内部进行填充式加密发展，而不向外拓展，如在既有建筑之间的空地上选址建设新的建筑。

合理的高密度建筑是减少土地用量的重要手段。应使用紧凑的建筑形态，如拥有居住、商业等综合性功能的多层建筑物来替代单个家庭的独栋花园住宅。建筑师所面临的挑战是既要设计高品质的多层建筑（如公寓楼或排屋），同时要让其能为每个家庭提供期望的空间质量。然而，规划高密度的空间布局时还应保证居住和办公环境能拥有良好的日照条件，建立能充分利用太阳能的宽敞开放空间。当这些需求都能达到平衡时，就可以产生合理的高密度。这种发展模式需要以经济型的公共交通和社区集中供热系统为先决条件，并可提供日常用品和社会交往空间。

土地利用

为使市民能够通过最短距离的出行来满足日常生活需求，在街区、城市和区域层面进行均衡混合的土地利用布局非常重要。因此，生态城市规划的核心目标之一就是要构建一个包含居住、就业、教育、配送、供给和休闲功能的混合配置土地利用模式。

由于在当今西方社会的经济结构中第三产业（商业和服务业）日益重要，有利于土地的混合利用。商店和写字楼易于和居住功能相结合。某些商业领域（如木匠和管道工），可以适当地配置在住宅楼附近。一般情况下，生态城市街区里或附近地区应该可以尽可能多地提供各种工作机会，以便大部分职员可以就近上下班。为实现这一目标，规划必须要提供适当空间和相关建筑类型。开发商和政府提供的针对性的市场和信息将有助于吸引合适的企业进驻。

除了均衡混合土地利用外，用地空间布局也是一个主要问题。通常的目标是使建筑、街区和邻里单元均实现网络化、功能混合的布局。日用品商店、小学、文化娱乐设施应设置在住区里或附近可以通过步行到达的区域。街区尺度功能混合的典型案例是在一个街区内，依次分布着住宅、写字楼、幼儿园。在单体建筑层面，功能混合可表现为建筑底层为临街或面向公共空间的商业，中间层为办公，顶层为居住空间。这种小尺度的混合功能模式和街区尺度的混合模式，即在居住区中间集中布设商业设施相比，更有助于提升城市格局的多样性、活力和公共空间的吸引力。

公共空间

布设有吸引力的日常活动公共空间是生态城市的核心要素。通过生态城市规划来减少机动车交通量将有助于公共空间的设计、提高其质量和数量，避免由于交通引起的视觉和听觉的干扰以及空气污染的危害。公共空间和农贸市场一样，是一个可满足休闲、娱乐、社会交往、社会或商业活动等多功能的场所。城市绿地在提供美好视觉景观的同时，也可改善城市微观气候（如质地、色彩、遮阳和防风等）。交通干道沿线的广场和步行道是生态城市的亮点。精致设计的水景喷泉、游乐场和沿路水系将增加城市的舒适性，而精心设计、合理布设的街道家具（如长椅、路灯、信息亭、垃圾箱等）可为人们提供导引、信息和便利。在设计中，可以通过为居民提供认知生态城市的机会，来提高个人或企业参与和维护生态城公共空间的意愿，这也是综合社区参与的结果之一。生态城市应最大限度地提升公共空间的宜居度、认知度和连接度。这意味着在城市空间设计时，要尽量关注建筑物正面有活力的临街空间设计，如在临街的居住区入口，建设沿街的商业及公共设施。公共空间应该是一个在广场、街道和小巷层面有机整合、可辨识、易感知的层级网络。与公共空间相连的周边区域也应该是明晰的。公共场所应受相邻的低层和中高层建筑窗户的"社会监督"来确保安全，也应确保易于行人（包括行动不便的人）从任何地方无障碍地进入。

景观和绿地

生态城市应在深入考虑自然要素的基础上进行规划，如林地、树木、草地、灌木和各种水体，如湖泊、河流和池塘等。这些自然要素及其自然循环体系应成为城市系统的重要组成部分。要通过对场地的详尽分析来保留具有重要环境价值的要素，如大面积的绿色空间，在现有绿地的周边来布设街道和建筑。这些自然要素要和新规划的绿色空间、廊道整合形成城市的栖息地网络。通常应最大限度地维持室外绿地、屋顶和外墙绿化的数量和生态质量，尽量减少硬质表面。这在高密度的建成区显得更为重要，可以通过绿色台阶、立体花园和林荫道来实现。

除考虑自然循环外，邻里单元的绿色空间应该有很高的社会可用性，提供一个由公园、半公共庭院和私家花园组成的层次结构，这既可服务于运动或其他游憩活动，也可与城郊的绿色空间相连，进而减少休闲游憩的需求。绿色台阶、地面的公共花园和私人庭院可以取代郊区单个家庭的后花园。城市农场不但可以提供本地生产的粮食，也有助于儿童了解大自然。

城市舒适度

城市一年四季和昼夜变化的气候对人类的健康与幸福非常重要，这也是建设生态城市的重要方面。这需要有良好的通风廊道，庭院和窗户可以通风的建筑布局，以及建筑和公共空间合理的日照和遮阳。

室外、屋顶和墙面的植物以及水体共同支撑着平衡的生物气候。降低空气污染一方面可以通过减少交通、工业和发电的废气排放来实现，另一方面要充分发挥绿色隔离带中树木和森林的过滤和吸附作用来缓解。

许多城市居民也受噪声干扰，导致出现了严重的健康问题（如与压力有关的睡眠障碍或心脑血管疾病等），因此必须最大限度地减少噪声污染。在生态城市中居民将受益于一系列减少噪声的措施，如减少与交通有关的噪声污染（如无车区），或采取隔离、合理的建筑布局和科学模拟等措施。

建筑物

生态城市的建筑质量体现在其对室内舒适度的高标准要求和建设与使用过程对资源的保护上。这包括通过低能耗、绿色的屋顶和墙面、良好的噪声防护设施和高品质的建筑，满足用户需求的潜在变化。在建材的选择方面，应考虑所有阶段的全生命周期，最大限度地提高可再生能源和再生（或可回收）材料的使用比例。室内舒适度要通过使用健康的材料和供暖系统来提供较好的热舒适性和良好的室内气候。

另一个的目标是规划灵活、可沟通和具有可达性的建筑物。建筑物应该有较强的适应性，如可在商业、居住或教育等功能中转换，也可根据居住者生活的变化进行调整。例如一个家庭式公寓可能会成为两个公寓，以供父母与子女使用，或成为老人公寓。住宅楼也可通过融合不同年代的人群、提供公共房间等措施来鼓励社会交往，如聚会和幼儿护理。生态城市的所有建筑物必须使有行动障碍的人（如拿很重行李、推婴儿车或坐轮椅的人）方便进出。

2.4.3 交通目标

交通运输是导致能源消耗和环境问题的主要因素（污染，温室气体排放，噪声和栖息地的破坏）。在欧盟，2001年约1/3的终端能耗与道路交通相关。一个欧盟公民平均每天使用机动车辆行驶35km，其中，80%是私家车出行。在新成员国，这些数字相对较低，但也在增加。如果这种趋势持续下去，与1998年相比，2010年机动车公里数将上升26%。

除了生态环境的影响，一些严重的社会和健康问题也与交通有关。城市交通事故中，死亡或受伤的人数高得令人难以接受（2000年，欧盟130万起交通事故中，2/3的意外伤害事故发生在城市）。噪声也是城市地区日益严重的问题，而80%来自于道路交通。至少有1亿人生活和工作在城市群或在交通基础设施附近，暴露在高于世界卫生组织建议的55dB（A）水平的道路交通噪声影响范围中。交通也可造成视觉和心理上的困扰，因而被认为是威胁城市和城镇居民生活质量的关键因素之一。

表2-3
生态城市交通总体目标及生态城市规划相关领域的目标

生态城市总体目标	
➤ 最大限度地减少交通运输需求 ➤ 最大限度地减少一次材料和能源消耗 ➤ 满足基本需求，实现人文关怀：流动性 ➤ 最大限度地尊重精神幸福和社区归属感：无障碍服务，无障碍交通网络，等等 ➤ 最大限度地减少对自然环境和人类健康的危害：如，通过温室气体排放（环境）或通过噪声和事故（人类健康）	
具体目标	
慢行交通/公共交通	· 最大限度地减少活动的时空距离来降低交通需求 · 优先把步行和自行车道作为邻里单元内部的主要交通网络 · 优先把公共交通作为可持续个人交通系统的最重要元素 · 提供交通管理措施来支持向环境协调模式转变
私人机动车出行	· 降低私家车出行速度和数量 · 通过停车管理减少机动车交通
货物运输	· 促进形成邻里物流配送理念来减少通过汽车运送货物的需求 · 规划高效的建设时序

同图2-3

1995年开展的一个对欧盟城市居民的调查表明，51%的人将交通作为抱怨环境的主要原因，与交通相关的两个更为严重的问题，即空气质量和噪声，分别被41%和31%的受访者提到［欧共体，2004年］。自2005年初以来，城市管理部门开始通过制定、实施和追究法律责任来保证本国公民享有一定等级的空气质量（空气质量框架指令96/62/EC）。因此，减少交通能耗及其对环境的危害是地方政府的重要目标。

慢行交通/公共交通

出行需求与人类活动及其在时间和空间中的位置直接相关。因此影响这种需求的最有效方式，是尽量减少活动距离。如果人们能够在其住所附近找到工作、购物、服务和休闲的机会，他们倾向于少出行，进而降低个人出行公里数的总需求。中心居住布局和混合土地使用模式非常有助于实现这一目标。在城市地区，通过环境友好的出行方式，完成短途至中途的出行，往往更迅速、更经济（步行，骑自行车或公共交通），日常出行时间更少，有助于进一步提高人们的生活质量。

一个重要的问题是规划时应优先考虑行人和骑自行车者，其目的是最大限度提高步行和骑自行车的吸引力和可达性来替代机动车交通工具。我们的目标应该是为步行和骑自行车者提供密集、高品质、供给导向的基础设施网络。它应该多提供直达通道，因为大多数步行和骑自行车者对绕路的容忍度有限。与此相关是其顺畅性：尽量避免使用有障碍（如很大的高差或铁轨）的廊道。慢行交通的大量使用也会产生较好的社会影响，如步行和骑自行车者在一定程度上有机会在出行途中遇见熟人，可以停下来互相交谈（这与封闭空间的汽车司机截然相反）。

生态城市的主要目标之一就是提高环境友好型交通模式的比例。实现这个目标的基本要求是优先发展公共交通服务。"优先"在这里并不仅仅指运营中的具体规则，如在路口管理（允许公共交通工具比小汽车速度更快），而是在城市规划和实施阶段就要积极的考虑发展公共交通模式。公共交通具有吸引力的前提条件是具有良好的可达性，在空间和时间上都应较容易达到（如站点较近、等待时间短）。有吸引力的公共交通还应具备其他优势，如票价、车辆类型和信息提供等。影响出行方式选择的方法之一，是使首选方式（如公共交通）比不太理想的方式（如私家车）更具吸引力。例如，如到公交站点比到停车场更为便捷，那么公共交通可能至少成为一部分出行的首选方式。

流动性管理措施有助于进一步推进环境友好型的交通模式。这方面的具体措施包括提高出行的意识，有可选择出行方式的网络平台，有能满足各种交通需求的具有综合支撑功能的交通枢纽（如流动服务台，升降机管理处，汽车共享车库，自行车出租系统和公共交通门票销售）。

私家车出行

在生态城市中，上面介绍的引导式（pull-type）方法（使其他模式更具吸引力）辅以推动式（push-type）方法将使得私家车变得相对缺乏吸引力。虽然这些措施一般都不太受欢迎，但在集中居住区限速和限流的措施需求非常明显，特别是在功能混合的生态城市中几乎无处不在，进而会直接提高生活质量。降低噪声和提高安全性是这方面的两个主要目标。通过交通设计使道路网络优先考虑上述交通模式而让私家车失去吸引力，将会在一定程度上实现这些目标，尽管每个计划需要考虑各自可能存在的安全风险。

对于生态城市的邻里社区，可用各种理念来减少私家车出行，这些关键决策涉及停车、通行，甚至汽车拥有权。过去30年，提倡慢行交通已众所周知，但新近倡导不拥有汽车和减少汽车交通的理念开始越来越多地被实施，被越来越多的人所接受[①]。特别是规划新的生态城市街区时，始终将"无车模式"作为首选的情况下，交通理念转变成下一阶段而具备可持续性是有可能会实现的。但重要的是，在限制和减少机动车出行后，对其替代品的质量提出了很高的要求。否则可能出现交通不便、可达性差等问题。在不太熟悉"无车"模式的国家和地区，进行小规模的实验性项目可以作为这种规划的可行性示范。

实施停车管理是减少私家车出行的另一种方法。为功能混合的生态城市居住区提供交通基础设施包括为居民、职工和游客提供一定数量的车位（如购物、上下班，以保证白天和夜间的任何时候都能快速完成个人通勤）。最重要的是，在理想情况下生态城市应该少于，甚至比传统规划要少很多的停车空间。传统规划中，往往给其他模式交通工具提供了质量较差的空间。私家车应集中停在附近的停车场，而不是在路边或自家车库。最后，如果对于大多数人来说，到最近的公共交通站点的距离比到最近停车场的距离短，则可能减少私家车使用，但这种情况下公共交通的服务水平和质量必须比较高。

物流交通

改善社区物流可以帮助居民采取非私家车的货运方式（如购物，送货）。这一概念可以减少对私家车交通的依赖。它需要家庭、当地的商店和服务之间有协调的货物配送系统。这可以在无车区实现，例如，通过社区服务单位（与建筑导向的设施管理单元相符）来收集包裹或购买物品（食品和非食品）的配送信息，将它们直接分发到住户门前或住房附近安全的收取点。这种类型的服务可进一步形成无车生活，已经由很大一部分人群开始实践，如学生、意识觉醒的环保者、贫困家庭和老人等，并成为一种舒适的生活方式。

货物配送到步行区（或无车区）的商店、服务点也需要合理组织，防止干扰居民和访客，确保安全和安静的环境。这种理念需要由物理措施（如网络设计，以防止一定规模以上的车辆进入）、限制性措施（如货车，限制进入时间和重量）和不同经销商与本地商店间配送物流的联合组织。然而这种模式要认真考虑，不要增加其他地方的交通量和行驶公里数，也要避免车辆容量的低效使用。这种物流配送概念需要有一定的规模应用才可能成功。

---

① 第4章

规划物流设施应避免干扰当地居民和周边地区，同时要最大限度地减少空间物质的实际流量。前者尤其需要考虑，其建设将需要几年的时间，那时人们可能已经生活在其中。很大程度上，物流的问题不仅仅依赖于这一地段的规划进程（如多少材料被挖掘，有多少必须拆除或可重复使用），而且还依赖于对建筑材料的选择，例如区域越大，合理的交通建设的必要性和可能性就越大。

2.4.4 能量和物质流目标

生态城市总体目标	
➤ 最大限度地减少一次材料和能源消耗	
➤ 最大限度地减少对自然环境和人类健康的危害	
➤ 最大程度地尊重精神幸福和社区归属感：如室内空气质量，供暖与通风系统的便利性	
具体目标	
能源	· 优化城市格局的能源使用效率 · 最大限度地减少建筑的能源需求 · 最大程度地提高能源供应的效率 · 最大程度地提高可再生能源使用比例
水资源	· 最大限度地减少初级水资源消耗 · 最大限度地减少对自然水循环的破坏
废弃物	· 最大限度地减少废弃物产生和丢弃的数量
建筑材料	· 最大限度地减少主要建筑材料消耗，最大限度提高材料的循环使用 · 最大程度地使用环境友好与健康的建筑材料

表2-4
能源及物质流的生态城市总体目标及生态城市规划相关领域的目标

同图2-3

居住建筑与第三产业（商业、服务业）建筑的能耗占欧盟总能耗的40%以上［指令2002/91/EC］，其供暖是世界上最大的能源消费终端。据此和其他一些原因，欧盟强调必须减少建筑物的能源需求，这也是遵守"京都议定书"而采取的一系列政策和措施的重要组成部分，目的是为了提高城市格局中单体建筑和能源供应系统的能源效率，并最大程度地提高清洁能源和可再生能源（不包括核电）使用的比例。建筑物对长期能源消耗有重大影响，因此新建建筑应根据当地的气候来实现最低能源的需求。此外，大量的既有建筑贡献了很大比例的碳排放量，也必须进行节能改造。

物质资源（固态、液态和气态）的使用与流动支撑着整个经济社会的发展，它们的使用方式，会产生废渣、废气、废水引起资源短缺。欧洲可持续发展面临的最大挑战之一是如何更负责任地管理自然资源［欧洲委员会COM/2001/264］。打破经济增长、资源使用和废物产生之间的联系，已经被确定为首要目标。确保物质资源的可持续管理，应优化初次资源的消耗，避免浪费和污染物的负面影响，为将来二次资源的使用打下基础。

能源

通过优化城市格局来提高能源利用效率是一种低成本、效果好的节能途径，但需要在城市规划的早期阶段考虑这一问题。这需要努力实现紧凑的建筑结构（如公寓式的街区和连排的住宅，而不是单体建筑），同时还应合理组织建筑物来优化太阳能的使用。这意味着建筑物要朝阳，屋顶要适合安装主动式太阳能设施（如光伏板），并通过优化建筑物间的距离或考虑树木的位置实现外墙遮阳效果。通过提供良好的日照条件等措施也可以提高居民的生活质量和幸福水平，但也需要适应当地的气候。高密度开发是可以经济地使用社区供暖系统的重要前提。

建筑空间的制热和制冷能耗占欧盟建筑物总能耗的一半以上。不考虑气候情况，建筑物被动式节约能源最有效的方法是通过高水平的保温隔热和气密性（需要系统具备良好的通风条件）来减少能源需求，这也用于低能耗建筑或所谓的被动式建筑上。这可以通过紧凑的建筑设计和合理的窗口布置来实现。朝南的墙面较大比例的窗户能最大程度地获取太阳能，而窗户的遮阴效果有助于减少制冷的能源需求。其他降低能耗的措施可包括采用节水型的热水装置，以及为光线进入室内提供良好的条件，进而可以减少能源需求。被动式节能措施的额外效果通常意味着在几年内降低运营成本。除了节约能源，消费者的满意度调查也证实了被动式房屋可以提供舒适的室内气候。

城市范围最有效的能源供应系统是热电联产（CHP），或通过取暖和发电的热电联产系统为社区供暖。在建筑物层面，HVAC（供暖、通风和空调）设备的质量非常重要。可通过分布式供热系统来实现能源的有效利用，例如基于木球（wood pellets）或地面热交换，太阳能热水，太阳能发电以及先进的通风系统。对于居住建筑而言，可进行热回收的机械通风系统非常有效，可以获得较高的室内舒适度。对于公共和办公建筑，机械通风系统和玻璃墙内由植物、水体和会客场所构成自然通风体系，往往既节约能源，又能为员工和访客的幸福做出贡献。可以通过混凝土构件的先进制冷系统来减少制冷能耗，但必须杜绝使用传统空调，因为其热舒适性较低，而且能耗很高。

经能源优化的城市格局和建筑有助于大规模使用可再生能源，这也是应对气候变化的远期目标之一。对于供暖和热水而言，太阳能、木材、生物质能以及余热回收利用都非常有效，投资往往可在很短的时间内获得回报。对于电力生产而言，可再生能源，如太阳能、风能和生物质能，与CHPS结合，可以成为社区低排放甚至是零排放的最终路径。太阳能电池板和光伏电池的前景具有很高的附加值，可帮助树立和提升良好的个人或企业形象。

水

初级水资源的消耗量可以减少到目前使用量的一半以下，其有效措施是在厨房和浴室使用节水设备和低冲刷量的抽水马桶。雨水的收集和回收也是一个基本策略，但其效果很大程度上取决于当地的气候、净化技术和收集限制。另外，水回收技术可用于污水（粪便以外的所有生活污水）和废水（粪便）的回收，但成本效益比将依赖于当地的天然水供应情况。先进的节水观念，还应该包括绿地管理，例如选择需水量较少的植物和树木，设置雨水截留、净化和渗透设施有助于避免对当地水循环造成负面影响。通过具有吸引力的设计，如游憩场所水景、沿街水渠、布满芦苇的河床、瀑布等构成的水循环等措施，对当地雨水和污水进行有效管理，也有助于提高城市舒适度。

废弃物

为了减少家庭废弃物的产生，改变消费者的购买习惯是最有效的机制。城市规划对此能产生一部分影响，也可以鼓励人们对一些很少使用的物品进行分享，而不是占有（如DIY机械，旅游设备等）。要最大限度减少产生需要处置的废弃物，一个必要的先决条件是提供一个具有良好服务的能够对玻璃、纸张、塑料和金属制品进行分类收集的场所；也应考虑就地回收的可能性（例如，生物废物堆肥）。在规划阶段，必须特别注意对挖掘物料采取的策略，因为在欧盟，每年这些废物数量大大超过了家用废物数量。要尽可能及时移除施工现场挖掘出的材料，必须让这些土壤重新作为建筑材料（如降噪堤防、山丘景观和填充不再需要的地下空间）。

建筑材料

在欧洲经济中，建材的流动非常大，比非耐用品的流量高出约13倍。

减少初次建材需求是降低城市发展中资源利用的重要出发点。在城市层面，有效节材措施包括重复利用既有建筑物、紧凑建筑类型（而不是独栋房屋），减少机动车交通基础设施。在单体建筑物层面，要尽量减少地下空间面积、轻型结构（如木材）和使用再生建材（如再生混凝土）。这些措施有助于降低交通运输量、建筑废弃物（生命周期末期）和成本。设计建筑构件和选择建筑材料时，还要考虑它们的可回收性，这可通过高耐用性，易拆卸性（如螺丝，而不是胶水），可重新使用的特点（同一功能的多种使用）和可行的物料回收（作为二次资源使用）来完成。

除了可回收性材料外还应使用环保健康的建筑材料，如天然材料和可再生材料（如木材、黏土和稻草）、本地材料（如当地的石材，砖和木材）和对人体无害的材料（如无PVC装置和无溶剂型涂料）。利用本地材料可降低货物运输的能源消耗，并遵循当地建筑传统，保护地方经济，避免有害物质，改善居民生活的室内空气质量，有助于降低医疗保健成本。

2.4.5 社会经济目标

表2-5
生态城市社会经济
目标与规划

生态城市总体目标	
➢ 满足基本需求：食物、庇护所、教育、医疗、工作等 ➢ 最大限度地尊重精神幸福和社区归属感：整体满足感、城市舒适度、社会混合、权力下放、基于社会包容性的交往、有充足的自然和建成环境 ➢ 实现人文关怀构架：儿童、老人、生病者等，基于社会政策和发展良好的社区生活 ➢ 最大限度地提高可持续发展意识：公众和企业 ➢ 实现具有多样性、抗风险能力和创新精神的地方经济，加强可持续工业和创新 ➢ 最大限度地降低全生命周期成本（最大限度提高生产力）：减少维护和运行成本 ➢ 最大限度地减少对环境和人类健康的伤害	
具体目标	
社会问题	·促进社会多样与融合 ·提供具有良好可达性的社会与其他基础设施
经济	·最大限度地吸引商家和企业 ·利用现有的劳动力资源
成本	·努力建设长期的经济基础设施 ·提供廉租住房、工作场所和非营利的使用空间

欧洲因其城市及对社会文化发展的重要影响而闻名于世。因此，生态城市建设的社会经济目标具有双重重要性。如果不重视社会经济的发展要求，生态城市则不会兴盛，如果重视的话，将能与一个重要的欧洲传统和欧盟总体目标结合起来。

社会领域的核心目标是能够平衡不同的、甚至是相互矛盾的利益与目标。城市是各种文化和社会背景的人共同生活、体验、享受民主的直接场所。如果城市可以让来自世界不同地区的人们和平相处，而不仅限欧洲的融合，那么我们城市的社会目标就可能会实现。一个稳定的社会经济可以使城市居民和管理机构以积极的方式获得更多的自信。这不仅可改善城市居民的生活质量，而且最终将会提升欧洲经济的创新和竞争力。由于人口老龄化逐渐显现，文化会更加多元，因此未来的社会经济稳定相比今天而言显得更为重要。稳定的社会经济结构有助于提高城市活力，创造更多的服务业和制造业就业机会。

人人可达的城市	为日常生活提供公共空间的城市	与自然平衡的城市	有完善绿地系统的城市	生物气候舒适的城市
对土地需求最小的城市	生态城市愿景	面向步行、自行车和公共交通的城市	实现废弃物减量、回收和循环利用的城市	具有封闭水循环系统的城市
均衡的功能混合的城市		短距离城市		
集中与分散相平衡的城市	城市街区形成网络的城市	作为可再生能源发电站的城市	健康、安全与幸福的城市	有可持续生活方式的城市
有合理密度的城市	尺度宜人、景观优雅的城市		有蓬勃地方经济的城市	由居民建设和管理的城市
在适宜地点集中建设的城市	与周围环境相融合的城市	最低能耗的城市	融入全球社会网络的城市	具有文化特质及社会多样性的城市

同图2-3

通过这些方式有助于欧洲实现降低失业水平的目标。生态城市目标要尽量体现欧洲城市生活的传统，同时也要培养符合可持续发展总体要求的生活方式。这些目标不仅在规划阶段必须考虑，在整个规划实施过程也应持续关注。

社会问题

欧洲是一个多元社会，城市是这种多元社会的直接体现，也是其被接受或被排斥的场所。因此，在小范围区域实现多种社会功能的混合是一个重要目标。这与系统理论相一致，即一个系统既涉及外部的复杂性，也必须在内部反映和整合这种多样性。

为实现这一目标，需要在生态城市的街区或附近区域提供良好的社会服务设施，如提供学校、方便就医，适合老年人居住，有购物、宗教活动、运动和其他休闲活动场所。这些服务设施有助于提高街区的功能混合，使街区对社会大众更具有吸引力。一个重要的提升城市民主和多元文化的措施是让居民和其他利益相关者尽早参与到生态城市的规划中，并能够根据市民参与结果调整规划。

经济

传统的欧洲城市是一个居民可以生活、工作和能够享受自己的闲暇时光的地方。多元多样的活动不仅提升了城市丰富度，也可促进各种社会群体的共融，提高就业空间。相对大型单一功能街区而言，生态城市的功能混合和"短途出行"意味着工作与家庭生活更容易结合。然而需要明确的是，在当前市场经济条件下，规划只能为个人和企业做出"正确"选择提供一个框架，因此规划必须非常仔细，而且必须考虑居民的利益。为了真正实现城市的功能混合，不仅应考虑到居民的需求，同时应考虑到商业和休闲机构的需求。

因此，生态城市经济发展的第二个目标是为商业机构提供合理的基础设施。商业和提供休闲服务的场所往往会产生噪声和交通需求。企业也需要一定的基础设施，例如物流交通道路、停车空间、能源、水和通信。但如果通过建设远离居民区的单一功能的商业、购物和休闲设施来避免潜在的冲突和讨论，还不如加强沟通，在相互冲突的利益之间寻找妥协，以创造和提升城市活力。从商业角度看，单一功能结构在短期内可能更容易掌握，并且更具吸引力。但从长远来看，功能混合结构则不仅可以更灵活地适应不断变化的经济环境，而且也更可持续，收益更高。

成本

在经济领域资金是优势资源。在某种程度上花更少的钱意味着使用更少的资源，而如今大多数机构必须节约利用资金资源。这也符合生态城市发展目标，减少（全生命周期）成本，并能提供长期的经济基础结构。这对于整个目标清单，是一个简单的公式化表达。如果生态城市的建设成本过高则很难建成，或只能吸引单一类型用户（即在短期内可支付高价的群体）；另外，它也只会吸引一部分的社会群体（中/上层阶层的人）。

在城市地区个人或企业希望扩张或搬迁的普遍做法，即从人口较密的市中心迁移到房价较低地区的情况，在生态城市中不会出现。较低的价格（较高的土地均价会导致低密度开发）可能会吸引那些不依赖于本地客户和居住人群的大型企业。但由于人口密度低，当地可提供的能满足日常生活需求的各类小型商业很少，这意味着对交通需求的增长，因为人们要乘车上下班，购物或去教育机构。

提供价位合理的住房和商业设施是实现功能与结构混合、不同社会群体融合的关键所在。规划密度较高可支持这一目标，这样能够降低个人住房和公寓成本和土地成本。尽可能降低建筑成本，与生态城市发展目标相协调。对棕地等现有建筑物进行维护和逐步再利用，可以为那些付不起高昂租金、也没有能力投资新建筑物的商业和非营利用途提供重要机会。

第3章 生态城市优势和成功经验

生态城市建设是一个复杂过程，涉及诸多群体，如（国家、区域和地方）官员与管理者、企业与社会组织（如非政府组织、企业）、规划师和建设者（如建筑师、开发商）、当前和未来的居民等。长远来看，生态城市建设涉及的所有群体，无论个人、团体还是机构，都会从中获益，如小到增加个人的便利性，大到促进全球可持续发展。但为了实现这些效益，必须克服诸多挑战。这与生态城市建设的复杂性和总体规模有关，也与当前状态的惰性延续相关。为了实现生态城市，必须增强收益群体的信心，增加克服困难取得成功的要素。

3.1 生态城市的优势①

建设生态城市的受益群体可分为四大类：公共部门（政府和社会）、私营企业（包括规划师）、个人居民和自然环境。生态城市的优势主要体现在其宜居水平和成本两个方面。大部分宜居水平可在建成后体现，但资金与成本收益的时间长短则差异很大。如节省基础设施建设资金的优势能直接体现，节省运营成本的优势在可中期体现出来，而节省最终的解构或拆除成本则需要在远期才能够体现。总的来讲，由于生态城市内生的前瞻性保护措施，其在修复对人类健康和环境的负面影响上的花费也不应太高。生态城市建设将给其相关的建设群体带来的重要益处体现在以下方面。

3.1.1 宜居优势

社区宜居度是指由社区的居民、职工、客户和访客所感知的区域环境

---

① 本节是根据以下来源：
- Communication from the Commission to the Council, the European Parliament, the European Economic and SocialCommittee and the Committee of the Regions, Towards a thematic strategy on the urban environment, Annex 2: AEuropean Vision for Sustainable Cities, Sustainable Urban Management, Transport, Construction and Design
- Welcome to Car free City!, http://www.carfreecity.us/home.html
- Benefits of new urbanism, http://www.newurbanism.org/pages/416429/index.htm
- Todd Litman (2005), Rail Transit In America, A Comprehensive Evaluation of Benefits, Victoria Transport Policy Institute, Victoria, BC, CANADA,http://www.vtpi.org/railben.pdf.

和社会质量。

生态城市能够减少空气和噪声污染，降低交通意外伤害风险。在这里人们可尽享更迷人、静谧、安全和健康的空间环境（步行街和广场、各类绿地），形成慢节奏，更加轻松、健康和可持续的生活方式。生态城市可促进邻里间的交往，让人们白天或晚上更多地到公共空间活动，从而产生良好的社区感，甚至会降低犯罪率。

在功能混合、设施便捷的社区居住意味着可以就近乘坐公交车、上学、购物、娱乐等，从而节省了大量时间和精力。在紧凑分布的住区之间或周边区域的各种绿地（居民满意度的一个重要因素）有良好的可达性，而太阳能建筑为室内环境提供适宜的温度和充足的日照。均衡的社会混合结构和为各类居民群体提供各种社会服务和设施，可以增加居民的幸福感。

以上好处虽然大众都可享用，但对一些个别的群体格外重要：生态城市发展模式让步行者享有优先权（汽车依赖型的交通土地利用模式中的弱势群体），提升了他们的出行能力和出行选择。内部交通系统没有车辆和障碍设施，而就近分布有足够的社会设施，为儿童（独自外出活动和出行）、老年人和残障人士的出行创造了极具吸引力的安全环境。

生态城市的诸多特性也有助于提高居民健康水平：建筑材料含的有害物质较少，能提高空气质量，减少与空气污染相关的呼吸系统疾病风险；更多的步行或骑自行车是久坐工作群体增强体质的有效途径。

生活质量逐渐成为吸引居民、投资和开展（生态）旅游的重要因素，因此这些生态城市的宜居性都可以作为很好的市场营销要素。此外，生态城市还可实现以下预期效果：

- 宜居的城市格局，包括高品质的公共空间。在设计过程可让更多的居民参与，从而提高社区认同感。
- 由于生态城市的交通连接度和供应设施水平提升，因此附近的商业设施标准得到较大提高。
- 生态城市的模式也有利于应对人口与社会经济变化的挑战（如家庭小型化、老龄人口比例提高等）。

对于全球社会来说，生态城市减少石油依赖，从而来减少由有限的石油资源导致的冲突风险。

3.1.2 成本优势

生态城市在许多领域的成本均低于传统的城市发展：

生态城市具有投资成本较低的特征，表现为：

- 通过紧凑发展而减少基础设施（街道、污水和给排水管网等）的投资；
- 通过减少对汽车的依赖和降低机动化水平，从而减少停车设施投资；

生态城市还具有降低运营和使用成本的功能，表现为：

- 通过更加紧凑的建筑结构、太阳能利用和良好的隔热性能，从而降低取暖和照明成本；
- 通过短距出行，提高步行、自行车和公共交通出行比例，从而降低交通成本；

生态城市可以在全生命周期内降低成本，主要通过：

- 通过建设低能耗建筑，利用可再生资源来生产能源（这将增加初期投资，但会明显降低运营成本）。
- 使用更结实耐用材料（这也可能增加前期投资成本，但会减少维护、维修或更换成本）；
- 使用能再利用或可回收利用的材料；

生态城市还会降低整个社会的经济成本，因为它可以：

- 通过减少对环境的破坏和有害气体排放，从而减少负面影响（如损害人类和环境健康、洪水、自然资源枯竭等）。
- 通过降低犯罪率，提升整体人口健康，降低长期的保险成本。

然而，这些益处具有滞后性，在单个的生态城市的发展上难以明显体现，但会在更高的层面上得以体现。

对于城市而言，可通过吸引居民和企业入住（形成新的生态城市邻里关系）来增加新建的生态城市税收，通过更紧凑的土地利用模式提高使用效率。城市用于公共交通基础设施的投入越大，交通系统整体成本也就越低。相反，城市建设得越来越依赖汽车，则浪费在出行上的财富就越多[Newman et al., 2001]。

对于企业而言，可通过降低交通成本来减少日常支出，把节省的费用花在其他方面。此外，宜居的公共空间能够增加步行人流，从而增加零售业的销量和收益。即使在非生态城市，步行区也会产生这种效果。

对于开发商而言，功能混合的项目风险要低于单一功能的住宅或商业开发项目。由于开发密度较高，可租售面积更多，因此价格较低，从而提高土地利用效率，吸引更多的潜在居民和企业入住。

3.1.3 环境优势

自然环境是除了人类自身外，更容易被人为干扰和影响的对象。生态城市建设也有益于自然环境保护，特别是在资源利用率和排放率两个影响可持续发展的重要因素。

- 通过紧凑密集的城市格局来尽可能减少用地规模和硬化地表，既可避免城市扩张，又可保留更多的自我循环、没有人为干扰的自然绿地和农田。这些区域既可为人类服务，也可作为其他生物的栖息地，维护各种自然过程（如绿色植物的水循环和固碳）。

- 通过太阳能建筑和低能耗建筑以及减少或更高效使用机动车交通来减少化石燃料消耗，也可以减轻产油地区的环境破坏。

- 通过减少二氧化碳和其他温室气体的排放来应对气候变化，通过减少废气排放来改善本地和区域空气质量。

由于连锁效应，各种效益一般不仅仅影响一个方面。最终当较大规模的生态城市建成之后，居民也可从社区（如较低的公共成本可降低税收）、商业（如低廉的交通费用可降低乘客出行成本）和环境（一个完整的环境为健康和愉悦的生活提供基础）中受益。

总体概述

生态城市可为全体居民提供更高的生活质量，并有助于可持续发展。这种高质量的生活并不一定比传统开发方法成本高，特别考虑到全生命周期。但要实现生态城市的发展目标，需要设置适当的优先顺序。

3.1.4 交通优势

不同的城市发展部门（如交通、能源、城市规划）对生态城市目标的贡献也各不相同。但公交导向发展（TOD）结构可实现生态城市的诸多益处，其中的关键要素也会彼此强化：

- 高密度的生态城市多中心线性发展，可以为公共交通增加客运潜力。因此沿交通发展轴选择适当区域进行集中建设，可促进本地公共汽车升级，也可为轨道交通建设创造条件，这将进一步提高服务质量，比公共汽车吸引更多的乘客。

- 轨道交通可作为生态城市线性多中心紧凑发展模式的催化剂，也为小汽车导向的发展模式提供极具吸引力的替代方案。

引导城市发展成这种生态城市格局是摆脱城市汽车依赖的有效途径，由此带来的好处包括为人类提供更宜居的居住空间，减少空气和噪声污染，减少对有限且不可再生、日益昂贵的能源资源的依赖。表3-1具体列出了公共交通和行人优先的交通格局对四类群体带来的益处。

	公共部门	私营企业	居民	自然与环境
适宜的公共交通格局（线性多中心结构）	减少运营补贴成本需求	由于更高的乘客潜力，加快运营公司的成本回收	极具吸引力的间隔短、覆盖广的公共交通服务水平	低能耗，低污染
适宜的步行交通格局（紧凑高密度的混合用地结构）	人均基础设施和公用服务投资费用低于传统郊区化发展模式	周边和附近商业设施更多的客流和顾客	生活设施和宜居环境具有良好的可达性	土地需求少，低能耗，低污染

表3-1
交通与生态城市四类群体的益处关系

3.2 生态城市规划的经验

生态城市规划涉及的诸多领域（如跨学科合作、社区参与等）提供了重要的经验与教训，这包括面临的困难以及如何避免和克服这些困难。下面的章节将详细阐述规划技术和工具。然而规划并不是终点，更重要的是可持续和宜居的城市格局能够实现，只有这样上面提到的这些生态城市的益处才能够实现。

3.2.1 障碍及成功因素

城市可持续发展的规划和实施会受很多有利和不利因素的影响。有利因素与不利因素是否占主导，很大程度上取决于本地实际情况和相关方如何强化有利因素，努力克服不利因素。为了推进生态城市项目，必须要使有利因素胜过不利因素。通过总结生态城市规划过程中碰到的问题和获得的经验，表3-2中列出了生态城建设过程中的有利与不利因素及其与常见问题的关联。然而应该指出的是，单靠增强有利因素不能在任何情况下足以克服相关不利因素，而应必须努力克服其根源。

问题与挑战	不利因素	有利因素
需要在适宜区域有足够面积的场地	由于缺乏行政工具，或土地拥有者不合作，导致没有合适的土地	· 在公有的适宜区域 · 所有者是发起人或热衷者
需要有一定面积的起步开发区	由于本地住房需求不足导致潜在居民太少，因此吸引投资者和服务企业的潜力不大	· 项目启动前与服务供应商和开发商签订协议 · 项目选址所在的周边地区有集中的居住需求
由场地周边基础设施和环境所决定的潜在局限性	生态城市需要建设在既有基础设施框架内（如交通），可能会影响其可持续发展	· 考虑环境和列入计划,启动对一个生态城市有效运作的必要的地方和区域改善

表3-2
生态城市实现的障碍和成功因素

续表

问题与挑战	不利因素	有利因素
项目复杂，需要在政治、经济、技术、社会和战略、个人层面都达成协议	政治支持不足（害怕失去影响力）和民众反对	· 综合集成规划 · 有远见、雄心和坚定的关键角色的奉献（官员、开发商） · 形成互利双赢联盟 · 公民和其他利益相关者从项目启动到实施过程均参与决策
需要有生态意识，要反思和质疑传统行为	没有（完全）理解可持续发展的需求与概念，滥用生态城市、可持续发展等口号	· 意识到环境问题和现存的社会资本 · 认为环境及周边区域值得保护
经济框架有利于维持现状	· 只注重短期经济效益 · 担忧更高的投资成本	· 特定要素的投资补贴（如太阳能发电相关设备） · 通过加强宜居性来增加对投资者和居民的吸引力
收益显现度滞后	与传统解决方案相比，其优势只能在中长期逐渐显现	采用不同的情景方案和各领域成功案例来增加预期受益的认知

3.2.2　规划作为一个学习过程

　　由于将生态城市的理论和概念付诸实践的经验并不多，因此在规划过程中学习如何将一般的理念转化为本地的解决方案是取得成功的关键因素。为实现这种学习过程，需要将规划整合在两个层次：相关行业领域（部门）层面和不同利益相关群体（利益相关者）层面。多学科的规划团队和所有的利益相关者这两个层面的紧密合作，是非常必要的（见图3-1），通过把一般原则和概念落实到一个特定的本地案例过程中，来确定因地制宜的技术和组织方案。

图3-1
规划整体过程

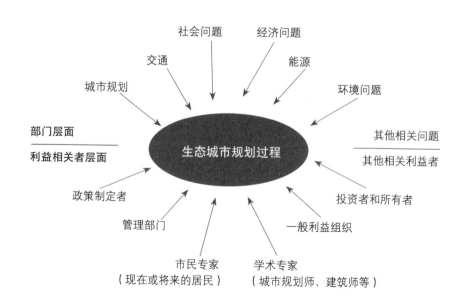

多学科团队的内部合作

城市发展过程非常复杂，要想取得成功必须要有一个集成的规划方法。特别对生态城市目标的实现，显得更加重要。集成规划方法不仅要有一个多学科的规划团队，而要吸纳所有领域的专家参与规划过程，或建立跨学科的交流机制。这种合作可让专家们充分考虑生态城市的系统关联性，促进本领域的规划和其他领域的解决方案相协调。生态城市应该是一整套集成系统（整体方法），而不是多个部门独立编制的规划的简单组合。

合作与互动的工作方法有利于拓宽视野，创新思维，提升规划理念与详细方案的质量，——每个人在向别人提供资源的同时，也会从他们那儿学到知识和经验。此外，可以通过聘请能够提供全新视角和力排争议来支持项目的外部专家（如学术或专业顾问）来提高解决方案水平。

利益相关者间的合作

召集不同领域专家和利益相关者参加以达成共识为目标的研讨会，既有利于加强沟通、传播信息、提高认识，也可让大家对项目普遍认同。确立项目远景与目标，讨论可能的解决方案，这些都有利于提升项目的被认可度。

一些当地现有的制约通常被不经质疑地接受（也许是下意识的）的主要原因是，这些制约被认为是项目的基础条件。然而当不同背景、不同领域专家面对面讨论概念方案、解决措施和可能结果的时候，这种局面将被打破。在合作会议中，需要本地利益相关者体现出团队精神，以避免或克服此过程中产生的潜在障碍。

为实行这种合作，需要建立专门委员会（见社区委员会，第6.5.1节）。可视为是一种讨论共同目标、目的和思路的主要交流工具。把所有想法和文字制作成图片（速写、素描、透视图和拼贴等）和规划（总体规划、专项规划、详细规划），可以让规划方案更清晰、更易于被所有人所理解。如步行道网络的密度和建筑朝向等信息，通常与我们在实际看到的不一样。

从实例中学习

用最顶尖的理念对生态城市项目进行分析后，也不能找到一个生态城市的最佳解决方案实践范例，但毕竟还是会有很多项目包含有其他一些相关要素。通过学习好的案例，可以在规划过程中提升特定解决方案，还可在利益相关者争论时提供支持。

第4章 生态城市发展指南

生态城市规划既可用于城市新区开发，也可用于旧城改造。新区规划由于受限因素较少，容易形成有示范作用的解决方案。但对于既有城区来讲，具有挑战意义的是要在接受现状的基础上来建设生态城市。

这两种类型的生态城市规划过程都可比作一次旅行：远景能帮助所有人达成一个共同的目标；指南则是一张大地图，能帮助规划线路，选择乘坐轮船、火车、汽车还是飞机来到达目的地。但如果要找到目的地的具体位置，则需要更详细的地图来引导。

本章将重点介绍生态城规划指南。首先在总体规划层面介绍可持续的城市规划，然后在街区层面介绍空间格局、交通、能源、物流、住房和社会经济要素的规划。本章的指南列出了生态城市概念性规划过程中要遵循的要点清单，以帮助规划师把较抽象的愿景与目标转变为层次结构清晰的思路和工作流程。但由于指南只是一个政策或行动的引导或纲要，不足以把愿景变为实际的规划，因此在第6、7章将介绍规划过程所需的工具和技术。

4.1 城市可持续发展规划策略

在城市可持续发展规划领域，目前已形成多种不同的策略方法，本章节不可能也没必要将其全部罗列，仅选取一些在生态城市规划中较成熟和实用的理论进行阐述。更为详细的参考文献和网络链接可参阅"推荐阅读文献"章节。

4.1.1 流程、边界和生态设计模型

城市规划涵盖范围可小到城市基本构成单元（如建筑物、街区），大到城市、都市区、城市群、区域甚至国家。各个层面的规划都可单独进行，但从可持续发展规划的角度来讲，各层面规划必须与其上下位规划相衔接，因为没有一个区域是独立、自给自足的空间单元。它们必须与更大的系统网络进行功能协同运作来实现综合可持续发展目标。

城市各系统要素均需有输入、输出，保证物质、服务、信息、水、空气与能源的流动。这些流动和人类活动（由需求引发的）、经济活动一样，均要跨越各空间单元边界，如国家间的物流、地区间的能量流或城市间的人口迁移。

这些边界很少有明确的界线（行政边界除外），更多的是一种交错过渡区。可持续发展规划的目标之一就是要维持人流、物流穿越的边界数量最少，同时最大限度地提高居民的生活质量。这也体现了"生态城市愿景"章节提到的城市是由街区组成的网络、城市要与周边环境融合的思想。

可再生能源发电城市可作为一个范例，能够解释尽可能减少穿越边界这一理念。城市可以直接把从郊区或农村获取的生物质原料作为电厂的能源。这是大型区域发电厂长途运输不可再生燃料来产生能源模式的一种替代方法。另一个实例是短距离城市，通过建立混合土地利用模式，人们无需长距离出行就可满足其日常生活与娱乐需求。但本地活动也有实际的最小应用层级，如太阳能和热交换可有效应用于个人住房，但生物质能或风能则应用在更大区域范围内才会效率更高，并可通过空间层级向下输送。

可持续发展规划中很实用的一个理念是由Van Leeuwen（1973）年提出的生态设计模型。该模型把规划单元或系统（如城市、街区或建筑）比作一个可向内和向外流动的箱体（见下图），如包括材料、能源和水。不同层面的规划像俄罗斯套娃一样，大箱体套小箱体，也符合当前传统的规划思想。

然而要实现可持续发展，更重要的是要为每个箱体内发生的过程负责，其目标是要对流入运动有"阻力"作用，对流出运动有"滞留"作用。本指南的原则就是要减少物质的流入和流出，而不是让他们大量穿流而过。

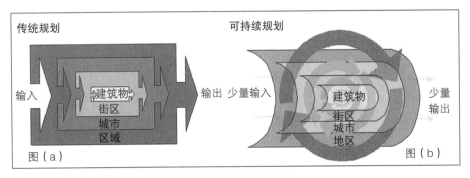

图4-1
传统规划中的流（a）与可持续规划生态设计的流（b）（改编自：v.Leeuwen, 1973, in v.Timmeren et al.）

虽然现实世界永远不可能把全部材料、水或能量循环始终保持在一个空间单元内，但生态设计模型表明这应该是可持续规划的努力方向。交通系统不是生态设计模型空间单位之一，相反它应促进人与物质的流入流出和在系统内部活动[1]，因此图中交通表示为箭头。减少流动会体现为交通需求的减少。

---

[1] 这种流动包括管道和线网。

运用生态设计模型时需要注意以下三点：

1. 并非所有流动都有负面影响——它取决于系统及其内部进程。如一栋房子屋顶安装了太阳能发电系统，它产生的电能满足本地需求之后输入了主电网，这可认为有积极影响。

2. 大部分系统不可能完全避免任何输入或输出——特别是那些已建成的地方。指南应该在现状基础上研究下一阶段各种流的源和汇。如建筑物应该从最近的街区供热厂获取热能，而城市应该从周边地区输入水果和蔬菜。

3. 并非所有流的负面影响都是同样的问题，通常也不可能一次性解决所有潜在的问题。负面影响越大，避免它付出的努力就越多。最终决策应具体问题具体分析，但应该始终从维护人与环境健康的角度来确定最佳解决方案。

4.1.2　三步走策略

在理解以上三个要点基础上，下面提到的三步走策略将更有助于掌握实现可持续发展的有效方法（Duijvestein，1994）。这些策略适用于穿过建筑、街区和城市的各种流（如能源、水或建筑材料），也可用于交通和土地利用规划。

优先顺序分别如下：

步骤1：避免不必要的支出，防止浪费。

如不能做到，则进入

步骤2：利用可再生资源，进行废物再利用。

如果不能做到，则进行

步骤3：明智地使用有限的资源，明智地处理废弃物。

按这个策略来看，建设隔热墙（步骤1）比在不隔热的建筑中安装高效率加热器（步骤3）更加节能，同样在旧城改造中再利用拆除的材料（步骤2）比将拆除废料粉碎后埋入管理完善的填埋场更好。为实现各领域的可持续发展，需制定符合三步骤策略的措施，并将其整合到优化的系统中。

这个策略的弱点是其线性过程，而实际上一些流动其实是循环的，如地球系统中在大气、土壤、水体与海洋中循环的水。在这个大循环中，人类系统只占很小的一部分，尽管这一小部分会对整个过程产生了巨大影响（如过度开发导致的环境污染、荒漠化和盐碱化等）。因此为尽可能减少人类对自然循环的影响，要尽量使人们在较小的时空范围内活动。

4.1.3 社区参与

社区参与是生态城市规划和决策过程中的必要环节，它可让公民"真正积极关心和参与到影响他们生活的相关事宜，如在影响其生活的决策、政策制订、执行、规划开发和提供服务以及引起改变的行动过程等"（世界卫生组织，2002，第10页）。社区参与不仅是为居民更好地了解政策和项目提供的机会，而且还能增加他们的主人翁意识和责任感，因此它应超越只是简单的提供信息或以咨询方式征集意见。

社区参与的最高形式是城市的草根阶层也有机会直接参与到生态城市的建设和运营决策过程中。这种参与方式优于传统的民主代表方式，它很大程度上取决于参与者的意愿和利益。一般来说，社区参与的范围应包括参与规划的人和受项目影响的所有群体（如市民、利益相关者和利益团体），如果可能的话，也应邀请将来入住的客户和居民。不同的社区的参与水平可用生态城市方案评估（ECOCITY evaluation scheme）所建立的金字塔形式表示。

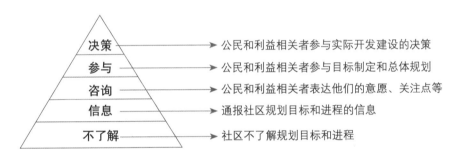

图4-2
社区参与金字塔

关于地方决策过程中的社区参与，欧洲各国的传统差异很大。根据不同项目情况，人们的关注和兴趣点也有差异。然而，应尽早启动社区参与，争取在适当的时候让所涉及的各层面的个人和团体全部参与进来。这个过程通常比较复杂，也蕴藏一定的风险（如增加费用和时间）。因此，在组织和主持社区参与过程中，应和其他规划一样，聘请专家来进行。他们会针对不同类型的项目提出合适的公众参与程度建议方案。例如，规划一个新环路和规划城市新区的社区参与情况会截然不同。

4.2 城市街区层面的生态城市规划指南

一些特定原则适用于生态城市各个层级和各个领域的规划，如：

- 规划过程和结果应在刚性成果和弹性调整需求间找到平衡（预留发展备用地，如公共交通廊道）。

- 规划战略应灵活地从已经完成的规划阶段中总结经验，以指导后面的规划阶段。
- 提交的规划成果应根据清单或指标体系进行连续监测和反馈，必要时要进行纠正。

以下章节将对城市街区层面生态城市各领域的规划提出更具体的指导原则（一些条款也适用于其他尺度的规划）。然而，领域的细分不能有损于跨学科的规划进程与团队需求。

生态城市目标和措施清单（7.2.1）涵盖了为完成本指南提出的各个步骤所需的详细信息，该清单将与以下领域密切相关。

4.2.1 城市格局

生态城市规划重点关注城市格局、功能和交通系统间的相互作用。从城市格局角度来看，这种相互作用取决于生态城市的区位、规模、密度和混合开发等因素。这些因素决定了居民上学、上班、购物、娱乐等活动的空间距离，从而影响其可达性。

生活质量很大程度上也取决于城市格局。小尺度、功能全的地区通常比尺度大、功能单一、和城市其他区域关联较小的地区相比，往往更使人感觉振奋、愉快，易于认知和更安全。生态城市必须最大限度地保障居民享有高品质生活和便捷的市政公共设施服务，同时也要使交通与其他活动的资源消耗达到最小。为实现这种平衡，城市格局必须有重大的贡献。

新建城区选址和设计的核心战略必须包含以下内容：

- 选择适合建立高效和吸引人的公共交通系统、并能够与老城区实现短距出行的区域进行开发（优先选择棕地）；
- 合理的高密度发展，限制居住单元的大小；
- 提供有吸引力的混合功能；
- 重视城市生态和环境。

这些方面的发展导则会在下文通过城市格局相关领域的一系列指南来补充。

生态城市选址

生态城市规划特别要注意街区和邻里单元的空间层次。土地利用与分区规划可以影响新区选址，选择减少绿地占用比例，重新利用居住区的棕地。根据上文提出的三步走战略，在不同选址方案时要首先遵循以下原则：

1. 优先再利用、改造和更新区位良好的既有城区。

2. 重新使用区位良好的棕地，以实现再城市化。

3. 利用区位良好的绿地来实现城市化。

这里指的区位良好的地方必须满足以下要求：

- 该区已纳入现有公共交通系统中（铁路、地铁、电车、发车间隔短的公交服务），或可通过调整或延长现有公共交通系统容易连接的区域。重要的公共交通站点（如火车或地铁站）必须设置在居民步行或骑自行车可达范围内。

- 如果新区内没有日常生活所需的基本服务设施（如学校、日用品商店、诊所和娱乐设施），在步行或骑自行车可达的范围内应可提供这些服务。

- 新区应选择在主城区或城区中心自行车骑行范围内，并整合到有吸引力的、直接和完整的非机动车交通网络中。

这些原则不仅适用于城市新区选址，也适用于欧洲普遍面临的萎缩城市的重建问题。当地规划法规和土地利用规划也应该根据这些原则来指导城市发展。

适度的高密度与规模

密度和规模决定了新区可容纳的人口数量（员工、学生、客户）。这是城市规划要考虑的重点问题，不仅为节约土地，还为居民区提供足够数量的各类设施（参阅下面混合功能的内容），并实现可持续的交通系统。因此，要根据交通体系（源和汇的密度较高）、太阳能建筑（根据气候特征确定，建筑间是要避免遮阴还是主动遮阴）和生活质量（为改变小气候和社会功能的开放空间、个人舒适性）的需求来优化居民区密度。实现了这些需求间的平衡才可称之为适度的高密度。

城市密度可定义为建筑面积-占地比［即建（构）筑物总建筑面积与其占地面积之比］和建（构）筑物占地面积比［规划区被建（构）筑物覆盖土地面积的比例］。生态城市要注重构建土地节约的空间格局，鼓励形成多种功能混合的土地利用模式，包括有合理的商贸设施（如企业排放量要在可接受范围内，坚持探索可持续的经营方式），提供优质的公共空间和绿地。

由于开发地块的区位条件（如城郊或市中心、周边区域的密度、交通情况）和规划确定的实际混合功能不同（如合理的功能混合可以允许较高的密度），因此很难对地块的开发密度提供一个固定值。

但是下面的这些合理的密度值可作为一个基本参考，需要根据实际情况进行调整：

- 建筑面积-占地比（或建筑面积/空间指数）：0.8～3.0
- 建（构）筑物占地面积比（或建成区面积比例）：0.35～0.7。

按以上指标规划的方案通常表现为有较高密度的低至中层建筑物，人口密度为100～250人/hm²【注：规划区的所有用户（员工、学生、客户等）都算为居民】。但是，即使密度较高，生态城市开发的最小规模应该为300m×300m（9～10hm²），这样可以保证有足够的居民来利用公共交通和混合功能。当然如果开发地块可整合到现有城区，并可从附近获得必需的服务，那么规模更小的开发也可以。这么做的难点就是如何把生态城市格局与现有格局进行整合。此外，如果开发面积较大，就必须确保所有居民和用户可以在其500m半径范围内到达重要的设施。因此，大面积的开发必须划分成若干个大小合理的邻里单元，并布局在中心区周围。

功能混合

居住区、街区和邻里单元等不同层面上的土地混合利用（如居住、工作、教育、零售、休闲、行政、社会和医疗）对社区的可持续发展有重要贡献。提高土地混合利用程度，特别是居住和商业的混合，既可提高生活质量和培养更可持续的生活方式，也可减少交通需求，从而减少私家车的使用。空间混合利用为许多城区重新带来了人气，使其更具吸引力与活力，可以更安全的生活和工作。

对城市格局进行功能优化，必须要实现：

- 细网式的混合利用：在楼层内、建筑物和街区层面实现居住、零售或办公等功能的混合；
- 粗网式的居民点内部多功能混合结构：在邻里单元和街区层面整合居住、教育、就业和休闲娱乐功能，在不形成单一功能的零售、商业或居住情况下，提供一系列服务和就业机会；
- 通过合理选址来优化所有设施的可达性：在公共交通结点（铁路、公共汽车和地铁站）、市中心附近、片区枢纽或公共场所组织活动；提供良好供给和处理服务设施来最大限度地减少出行。

细网式（建筑层面）和粗网式（街区层面）的功能混合模式必须同时运用。以下为推荐的功能混合比例（建筑面积分配）：

- 30%～80%的建筑面积作为住房；
- 20%～70%的建筑面积作为办公。

由于缺乏描述和评估功能混合的理想值，因此以上数值变化幅度较大，这取决于生态城市的建设条件（如既有的格局与设施）、规模大小和利用类型，例如小型制造企业的人均建筑面积要比办公空间更大。在4.2.4节的社会经济问题中将详细阐述居民所必需的各类设施。生态城市建设要提供的实际设施不仅取决于开发基础，也取决于步行或骑自行车可达范围内的现有设施分布情况。设施的规模、类型应与周边环境相协调：如嘈杂的娱乐设施不应紧邻居住单元，酒吧不应设在学校旁边，排放量较高的污染源（噪声、污染）不能建在不适合的地方。而更深层次的原则是：如果生态城市周边的设施在数量和质量上可以满足要求，则不再提供这种设施，而应建设可增加周边地区服务功能的设施。

为实现更可持续的功能混合，一个重要因素是区域和市区层面要有很好的土地利用管理机制，要比土地利用规划和分区规划中一般性表述更具体。必须有一个团队、部门或机构来专门负责统筹协调规划和实施阶段与土地混合使用相关的所有过程和途径。同时也应提供房产信息系统（地块、住宅和商业单元）和本区可以提供的社区就业机会。

城市生态和气候

与乡村地区一样，城市也是广义生态系统的一部分，不仅为人类，也为其他动植物提供栖息场所。因此城市规划必须考虑保护和重建城市中各物种的栖息地。同时公共空间和绿地对居民的身心健康至关重要，将其纳入城市规划建设来减少居民外出休闲的需求，进而减少交通需求。此外，城市居民的日常活动与舒适度受城市气候条件（如温度的季节变化，主导风向）和天气因素（暴晒、下雨、下雪等）影响，而建（构）筑物也会影响城市的微观气候，如遮阴、吸收和反射热量或改变通风状况。有植物、水体的公共空间和绿地可以通过季节性遮阴、降低风速、调节湿度、吸附粉尘来改善城市微观气候，也有助于城市雨水管理。绿地还能通过质地、颜色、气味和运动来增强城市环境的景观质量。因此，同建筑物和基础设施对交通方式的重要性一样，绿地和开放空间对高质量的城市环境也非常重要。

在城市规划中要体现开放空间与绿地的以下功能：

- 为市民提供休闲空间；
- 调节空气的温度、湿度和质量（如通过水分蒸发、吸附粉尘和污染物、吸收二氧化碳、产生氧气等）；
- 提升地表水与地下水管理（蓄滞地表雨水径流，增强土壤下渗）；

- 为动植物提供栖息地网络（需要合理的栖息地配置，足够数量的绿地斑块，并通过廊道构成相互连接的网络）；
- 把城市生态要素（如能源，生物气候或雨水概念）作为城市格局和建筑设计的联系；
- 通过对城市有机体的体验（城市环境中自然的光线、颜色、声音和气味），增强人们感知自然过程与要素的意识。

这些功能可以通过花园、公园与袖珍公园、街道树木与林荫道、屋顶绿化、垂直绿化、自然或半自然水景来实现。绿地需要根据城市当地的气候和微观环境进行规划，最大限度地减少高额的保养和维护费用。

生态城市格局规划的具体指导原则是：

- 新建城市格局的空间和功能特征应基于城市和区域环境，来实现连续性。需要考虑的因素包括：
  - 景观和地形
  - 气候和微观气候
  - 现有的建筑物和街景
  - 现有的交通基础设施
  - 与周边地区视觉和空间的联系
  - 太阳方位
  - （未来）居民的需求和喜好（如果已确定）
- 城市要素在可能的情况下，应满足多种功能来实现协同效应（如水既是公共空间设计的焦点，也可作为雨水管理系统的组成部分）。
- 住房应遵循宜居、经济和满足不同群体的多元需求为原则，包括社会住房。
- 街道和广场应考虑人的尺度，形成与开放空间互相连接的网络格局，实现宜居、便捷、易辨识、安全与舒适，也方便进入其他基础设施。
- 所有措施应从实际规划区角度考虑，而不是通过标准化解决方案来确定（创造性地对场地问题进行针对性的规划）。

4.2.2 交通

1999年10月欧盟交通与环境联合专家小组通过了可持续交通系统的定义。它应该

- "保障个人、企业和社会的基本出行需求和发展空间，以实现人与生态系统的健康，提高代际和同代人间利益的平衡；

- 建立经济可承受、运转高效的交通方式选择机制，提升经济活力和地区发展水平。
- 将排放量限制在地球可承载的范围内，可再生资源使用量不能超过其再生速度，非可再生资源的使用量不能超过其替代再生资源的再生速度，并要最大限度地减少占用土地，减少噪声的产生。"

　　按照生态设计模型的基本原理，交通系统规划可为资源节约做出重要贡献，但其重要的社会功能（如提供便捷性）也必须加以考虑，其目标应该是在增强可达性的同时减少交通需求。

个人出行的可持续交通蛋

　　个人活动范围与其所处的地点与时间均有联系。活动地点结构会影响交通的利用、出行方式的选择。出行活动特征主要是土地利用格局和交通结构相互耦合的结果。因此应从交通和空间两个方面来确定措施的优先次序：首先应考虑所有可减少交通需求的措施，然后考虑可发展慢行交通的措施，再次应支持发展公共交通和大运量交通措施，最后再考虑必需的小汽车交通措施。

　　这是4.1.2节三步走策略概念的延伸。

　　这个蛋形结构表明大多数出行应通过步行、骑自行车和乘坐公共交通工具来解决，应尽可能地实现大多数（甚至全部）居住区日常出行不需要

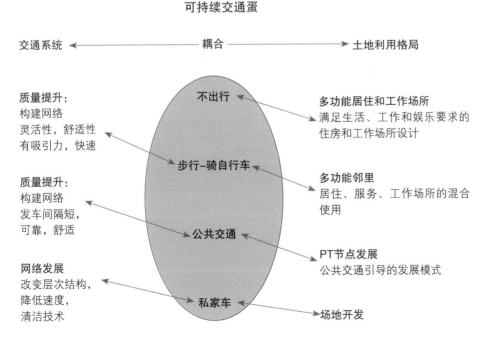

可持续交通蛋

图4-3
可持续交通蛋

机动化交通，仅很少一部分出行需要私家车来解决。

这个规划概念的最大改变在于从规划阶段就开始反向考虑交通问题。传统规划方法一般先考虑小汽车需求，然后考虑货运交通和公共交通，步行和自行车交通往往只能利用剩余的资源。可持续交通规划则反向思考，首先考虑发展慢行交通的需求和潜力，然后按照"蛋"的顺序向下移动。

在考虑公共交通时，关注不同公共交通方式的特殊优势对取得理想成效非常重要[①]（城市发展选址参见4.2.1城市格局）：

- 铁路最适于作为交通走廊，可用目的地密度较高、可辐射一定范围，形成较高比例的模式。
- 公共汽车在选线和规划方面更灵活，所需的基础设施投资也较少，更适合连接分散的目的地。

公共汽车更适用一些特定类型的住区格局（如蔓延式的欠发达地区）。相对铁路而言，公共汽车可以覆盖更大范围的低密度区域。然而对于居住很分散的区域，公共汽车的吸引力和效率较私家车而言明显降低。因此，替代汽车导向发展的理想模式是在铁路（作为公共交通导向发展）走廊可达范围内集中发展，利用公共汽车将周边分散的居民与铁路走廊连接，形成完善的交通系统。

街区层面的交通规划

生态城市在街区规划层面，可采用很多理念来减少私家车出行比例。这些理念需要一系列关于停车、汽车出入、甚至汽车保有量等问题的原则性规定。过去30年限制交通流量的理念已众所周知，虽然理念较新，但限行区和无车区越建越多，并且越来越受欢迎。一些交通发展理念有时也可逐步发展为可持续交通发展概念。特别是在生态城市新区规划时，要优先考虑选择建立无车区。这些新区不仅能提供有吸引力的出行替代方案和高品质生活来减少小汽车使用，而且能够降低汽车保有量，提高公共交通出行需求，减少停车场的空间需求。

然而非常重要的是，在降低小汽车可达性的同时能保证替代方案具有最高品质，否则可能会出现交通不便、通行不畅的情况，规划方案也会遭到严重批评。

总体而言，生态城市的交通规划应实现以下目标：

[①] 详细参阅Todd Litman（2005），Rail Transit In America, A Comprehen-sive Evaluation of Bene-fits, Victoria Transport Policy Institute, Victoria, BC,CANADA, http://www.vtpi.org/railben.pdf.

- 推力与拉力因素共同作用下的综合概念（如改善公共交通、限制机动车交通、征收货车通行费、对铁路交通进行补贴等）

- 从使用者角度出发整合各种交通方式（如非机动车与公共交通间要方便换乘，要提供完善的信息等）

- 通过硬件（基础设施）和软件（信息、公共交通包年（月）制度、居民或员工激励等）的共同提升，实现与环境协调的发展模式的转变。

- 鼓励企业接受员工出行计划[①]

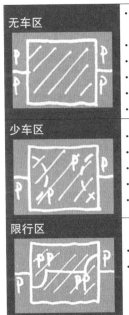

无车区	· 大大降低居住区停车位的比例（通常规定的20%左右），同时也降低工作场所和其他各类设施配备停车位的比例（如零售） · 通过自愿协议来减少居民汽车拥有量 · 机动车交通仅限配送和急救服务 · 道路管理中行人和骑自行车者优先 · 在街区外部设置停车场 · 设置社区服务（如包裹的配送和收集点）
少车区	· 降低居住区停车位的比例（通常规定的60%左右） · 只允许本区居民和其他授权用户通行 · 不设或少设通过性交通（降速、只设居住区道路，不设通行道路） · 停车空间集中设置 · 尽可能设置社区服务（如送货服务和提取包裹）
限行区	· 按标准设置每套住房停车位比例（通常规定的100%） · 小汽车可通行，但通常因限速措施，对通过交通没有吸引力（限速、坡道，没有直行路）

表4-1
街区交通概念（改编自代尔夫特理工大学，1994年）

4.2.3　能量流和物质流

　　能量流是建筑结构和交通系统最基本的可持续发展要素，而能源消耗受规划的影响很大。项目建设或拆除过程（土方的运输和建筑材料的选择）的物质流也同样如此。然而家庭的电器能耗、用水量、垃圾和废水的产生量等，都和未来居民与用户的行为方式密切相关（这里未涵盖工业排放问题）。在资源的可持续利用之外，最大限度地减少物质流还可消减很多负面效应，如减少交通粉尘、噪声和污染，降低意外交通事故风险和本地交通网络车辆负荷。因此，应根据三步走策略（第4.1.2节）来规划能源和物质的使用和流动。本节只列出了发展指南，更详细的措施会在7.2.1进行阐述。

---

① 由单独机构来设计和实施，目标为鼓励和支持员工通过替代方案来改变出行意识，减少个人机动车出行。

表4-2
能源流和物质流的
三步走策略概要

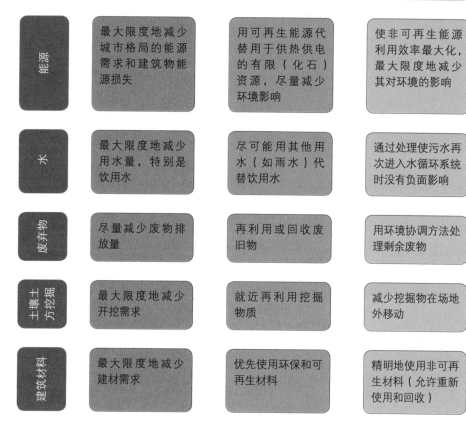

	第一步	第二步	第三步
能源	最大限度地减少城市格局的能源需求和建筑物能源损失	用可再生能源代替用于供热供电的有限（化石）资源，尽量减少环境影响	使非可再生能源利用效率最大化，最大限度地减少其对环境的影响
水	最大限度地减少用水量，特别是饮用水	尽可能用其他用水（如雨水）代替饮用水	通过处理使污水再次进入水循环系统时没有负面影响
废弃物	尽量减少废物排放量	再利用或回收废旧物	用环境协调方法处理剩余废物
土壤土方挖掘	最大限度地减少开挖需求	就近再利用挖掘物质	减少挖掘物在场地外移动
建筑材料	最大限度地减少建材需求	优先使用环保和可再生材料	精明地使用非可再生材料（允许重新使用和回收）

能源生产、分配和利用规划

欧盟总体上消耗的能源已远大于其范围内已探明或已利用的可再生与不可再生能源的总产量，这意味着欧盟已成为一个"能源"净进口国，其进口率和使用率仍在不断攀升。同时欧盟京都议定书也要求二氧化碳排放量在1990年水平基础上减少8%来应对气候变化［联合国，1998］。虽然欧盟可再生资源的产能比例不断上升，但仍需探寻减少能源消耗和二氧化碳排放的途径。

一般来讲，能源系统应尽可能减少其对室内外环境和人类健康的不利影响。其中，住宅和商业建筑的供热、照明和制冷环节用能在能源结构中所占比重较高，因此其在节能和二氧化碳减排放方面有巨大潜力[1]。

除可持续交通外，太阳能建筑也是影响城市格局的重点因素，且这两个规划问题相互关联。如短距离交通必须与建筑太阳能与自然光利用方式类型

---

[1] 参考第3章。

相协调（见4.2.1节）。城市格局也受室外生物气候舒适性要求的影响，如冷风和新风走廊（见7.1.3节）。通过优化城市格局来减少能源需求的措施详见7.2.1.4节。

在建筑层面，被动式建筑设计已实现了很低的供热需求（特别在暖温带和寒带）。这种建筑装配有保温性、气密性和品质极佳的玻璃，配备高效的空气热交换器和新风系统，可在没有主动加热和制冷系统情况下维持舒适的室内环境[1]。此外，应对当前能源生产与供应体系和单体建筑分析基础上，尽可能进行节能改造，提高可再生能源使用比例。应选择本地可获取的可再生能源类型，只有在建筑节能改造和可再生能源利用仍无法满足的情况下，最后才考虑使用化石能源作为补充。

水资源管理

家庭和工业用水（冷却和工艺过程用水）也是全球水循环组成部分，但全球可饮用的淡水数量有限且分布不均，因此必须严格保护水源，高效利用水资源（特别在干旱地区）。

在调查本地区的自然水循环（降水，地表水和地下水）基础上，水资源管理应遵循以下理念：

- 尽量降低在自然水循环系统中的取水总量，这也关系到废水产生量；
- 当废水重新进入水循环系统时，通过污水处理措施消减其对环境和健康的不利影响；
- 尽量避免改变自然水循环，保持土壤渗透率和建设前后径流系数不变，保证地表水和地下水连通，同时可提供能利用的雨水（雨水管理）。

污水再利用

根据污染程度不同，生活污水可分为两大类：来自厕所的废水和来自厨房、洗衣房、浴缸和淋浴的污水。在通常情况下或在不缺水地区，污水全部排入污水管网（或只排废水），在城市污水处理厂净化，使其满足环保要求。在这些地区（或所有地区），污水可在地块内单独收集和处理（可带或不带热回收），用于低于饮用水质标准的冲厕、绿化浇灌等。

雨水管理

雨水可以通过绿地、可渗透地面或专门的排水系统（如有植被的露天

---

[1] 更多信息参见：Passivhaus Institut,Wolfgang Feist,Darmstadt,http://www.passiv.de.

沟渠或自然河道）渗入地面，而不仅是进入封闭的市政排水系统来排水。场地中的雨水可通过屋顶绿化、雨水花园（可连通自然地表水，是绿色开放空间的重要元素，也有助于防洪）蓄留下来，水塘收集的雨水也可和中水一样被重新利用。

废弃物收集和处理

首先必须要防止浪费。这需要精心设计耐用、易维修的产品，这也是生态城市规划范畴之外应采取的主要措施。其次，废弃物应被重新利用或回收。这需要将"废弃物"认为是一种宝贵的资源，这也是生态城市应培养的态度。

生态城市应重点通过提供必要的基础设施，优化废弃物再利用或回收利用（见7.2.1.4节）。部分不能循环再利用的废弃物（应占很少比例）应预先处理，以减少垃圾填埋场的需求量和可能产生的负面环境影响（一些国家已成为法律要求）。所有的废弃物应优化运输管理，尽量减少运输距离（如就地或附近再利用），尽量使处理设施的经济效益最大化。

土方材料的挖掘

土方挖掘大多发生在施工阶段，但会带来大量的其他物质移动。因此，应通过减少地下空间建设（地窖等）来尽量减少动土，同时应提供必要的使用空间（如蓄热、紧急避难所等）。如果确实需要开挖，应提前进行定量和定性分析，确定土壤再利用的可能性和处理要求，分析土壤（表土、基料）材料，确定可用于回填和造景物质、可作为混凝土的材料和可能的土壤污染等。场地内无法利用的开挖物质应尽可能在附近重新使用。

建筑材料

建筑材料必须满足强度、导热性、可加工性等基本要求。但对于生态城市而言，建筑材料还应该：

- 在生产过程尽量减少不可再生能源和其他不可再生资源的需求；
- 创造较高室内舒适度，在生产或使用中不损害人体或环境；
- 尽可能本地取材，以减少交通需求。

4.2.4 社会经济问题

通常来讲，城市可持续发展的基本理念是创造一个健康、安全和幸福的宜居城市，成为"有吸引力、有特色、有竞争力的地方"。生态城市也应该提供高品质的环境，来实现更可持续的生活、工作和交通格局。为实现这一目标，以下社会经济问题必须加以考虑：

社会服务设施和社会融合

生态城市必须提供功能混合、高品质的社会服务设施，但如附近街区有可用的（或能扩建和提升的）高品质基础设施，可不必再提供。下列内容可作为建设指南，但需求会根据项目性质和大小不同而变化。

一些案例如下：

- 步行距离范围内要有幼儿园和小学，其他学校必须在步行/骑车距离范围或乘公交30分钟可达范围内；

- 养老设施（日托、住宿设施）要设置在能乘公共交通工具到达的地方；

- 步行距离范围内应合理分布各类休闲娱乐设施（广场、开放的多功能公共区、体育场、公园、酒吧）；

- 乘公交30分钟可达范围内应合理分布宗教、电影院、剧院和健身中心等场所；

- 步行距离范围或乘公交方便到达范围内分布有保健中心、全科诊所和药房等；

- 步行距离范围内分布有适合团体聚会和共同工作的会议设施（如社区会堂），来满足家长、失业人员、老年人的聚会需求；

- 步行距离范围内要分布有各类日用设施，如报亭、面包房、超市、杂货店，其他零售设施要设置在乘公交方便到达的地方。

生态城市提供的社会设施应对将来所服务的不同社会群体（年龄、收入、民族）都具有吸引力。

此外，如果规划区对文化保护有重要意义，则必须进行保护。目的是实现文化传承，保持本区独特的归属感，维持（本地）人与人之间社会和情感生活的重要价值。在公众参与过程中，人们对遗产的认同度对确定文化遗产保护方式有重要作用。

生态城市的另一个重要社会目标是通过融合不同年龄、家庭规模、收入水平、种族等类型人群，实现良好的社会混合。

虽然所有这些并非都能通过规划来实现，但可在规划中提供不同价位、不同类型的住房和商业单元来为其奠定重要基础（见7.2.1.5节）。

- 提供从一居室到五居室（或更多，根据地方和区域的需求）不同户型的住房。

- 单位面积住房或商业单元的价格要有变化。

在吸引不同人群入住之外，不同价位的住房市场也会促进居民在本区内部迁移（而不是为寻找更大、更小或更便宜的地方而搬走），从而促进社会稳定，进而有助于防止社会排斥的产生。

经济基础设施和就业机会

生态城市发展的经济基础设施必须自我维持（和其他地方一样）——商业单元必须有吸引力、灵活、交通方便、设施齐全、价格合理，并可满足不同行业需求。此外还应遵循以下原则（规划阶段可实现）：

- 各种类型的行业应提供一定数量的工作机会；
- 通过在居住区周边步行或骑自行车距离范围内提供多种就业机会，减少乘坐机动车通勤的需求；
- 就业机会的组成比例应和未来居民技能结构相匹配；
- 商业单元要在整个开发过程聚集，形成混合区域的感觉（如昼夜营业时间），同时也要平衡居住和工作环境；
- 产业类型应满足生态城市的总体目标（如尽量减少污染、噪声和非再生资源的使用）。

发展的经济活力

可持续发展也意味着经济上的可行性，这也适合生态城市的发展要求。然而，生态城市开发建设通常成本相对较高，但可以减少运行和维护成本（有时会大大减少）。例如使用了高标准的隔热与现代能源技术，会使减少能源使用量和利用可再生（更廉价）燃料。使用寿命较长的建筑材料也是如此。此外，可通过建设多用途和高品质生活的多元化住宅，促进空置住房减少、提高潜在租金和价格，从而得到更多的投资回报。

然而，这种价格机制不能被投机行为所利用，否则创造良好社会混合结构的努力会大打折扣。因此，生态城市发展的经济概念应基于全生命周期成本模型。

为了实现经济可持续发展，有必要让投资者从项目开始时就介入。这些投资者中，一些人可能会因为纯粹的经济原因而加入该项目（大公司或私人），一些人可能希望建立自己的家庭或企业。因此，潜在的投资者包括业主、居民、房地产公司和专业开发人员。

政府和社会资本合作（public-private partnership，PPP）是开发生态城市的工具之一，是由来自公共和私营机构的多个开发者共同合作开发。生态城市合作开发模式，可将风险分摊到各个合作机构来降低风险，在减少公共资金投入同时，实现公众和社会目标，也可提高私人投资者的回报率。城市规划师和其他决策者必须确保在早期阶段建立合理的组织架构（如项目工作组和委员会），使得公共和私人机构间可以相互交流看法。PPP动态开发过程必须和公众参与和社区参与密切联系。PPPs为公私机构和社区创造巨大的协同效应的同时，也存在严重风险（如大幅提高成本，降低或缺乏公共机构回报，拖延规划时间，延迟私人投资者的回报期等）。因此，必须从其他类似项目的运营中吸取成功经验或失败教训。

总体而言，必须始终牢记的是，不应只从直接投资和回报的角度来衡量开发项目的盈利水平。建设一个居民健康、事故和污染少、犯罪率低和就业水平高的城市环境，虽不易量化，但能为公共财政带来实质收益。

第5章　生态城市规划过程

本章主要介绍生态城市规划过程。为全面认识生态城市创新规划方法的机遇与意义，先要了解传统规划过程的主要特征。具体包括：

- 部门分割，在特定部门探索规划问题的解决方案，忽略了各部门间的相互关系；
- 自上而下的决策方法、缺乏公众参与；
- 缺乏对结果的监测与评估。

面对当今城市实际建设过程中极端复杂性的特征，传统规划方法的不足之处日益明显。在全球环境危机和经济全球化的框架下，规划师、政府人员和公民逐步认识到这种显而易见的不足。人们称之为"城市化危机"。

因此，当前任务是建立新的理念、流程、指南、技术和工具来满足现实需求。这需要根据当今面临的环境危机等时代挑战，来为新型城镇化奠定基础。通常认为可持续发展理念可为这一目标提供一个很好的框架（见第1章）。过去几十年人们都致力于研究新的方法（见2.2.1节）。

《地方21世纪议程》是近年来提出的体制创新发展议案的典范。然而许多基层专业人员、专家和企业也在其日常工作中致力于创造新的规划方法，但这些新的规划方法难以归类梳理。不过理论反思、体制进程和这些理念的实际应用之间还不完全匹配。因此整个欧洲范围，规划方法的利用和具体实践情况也良莠不齐。总体上南欧与东欧的可持续城镇化没有北欧和西欧发展得好。整个欧洲目前仍没有基于可持续城镇化要求、可以广泛推广和应用的实际案例经验和研究成果。

生态城市项目是可持续城镇化框架下，泛欧层面城市规划与评估的前沿探索。为解决上述传统城市规划的三个主要问题，本项目首次尝试整合这一领域内的理论和实践。

5.1　城市发展的循环过程

城市建设复杂性的原因在于其有大量相互关联的循环过程。事实上，传统的割裂式规划方法失败之处在于其解决方案无法应对城市循环发展的本质现象。循环过程概念是生态科学主要原则之一，也是可持续发展规划模型中不可或缺的组成部分。从这个角度考虑，无论规模大小，所有城市规划都应遵循以下循环过程（见图5-1）。

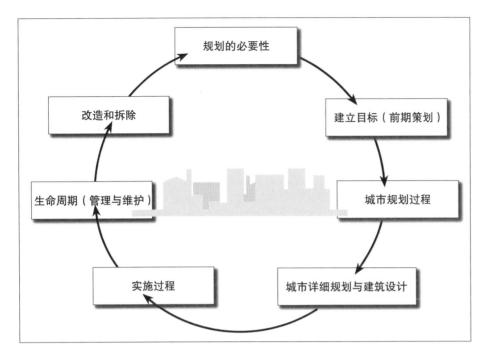

图5-1
城市规划的循环
过程

城市发展生命周期包含以下几个阶段：

- 创始期：诊断具体的规划需要（即使是萎缩城市），如建立一个新居民点、新的基础设施项目或设施、对整体或部分城区进行更新；
- 规划前期：设立总目标和规划指导原则，如总体规模、区域范围、目标客户、总体期限和融资情况；
- 城市规划：根据既定的指导原则进行规划；
- 详细规划和建筑设计：一旦总体规划最终确定，不同建设项目和部门任务将通过不同程序（竞标、对外承包或内部承包等）分配给不同的规划师和专家；
- 实施和建设：按照既定的时间表进行。

上述内容是传统规划过程一般采用的步骤。总体规划是主要规划成果之一，且当建成效果与规划方案越接近，则越被认为是一个"理想"的规划，这在传统规划中被看作是成功的主要标准。

但循环周期在建设完成后仍未结束，至少还有两个相关或密切关联的阶段：

- 维护：循环周期最重要的部分，在施工完成且居住区、基础设施或城市要素交付使用后才开始，包括使用过程带来的所有损耗、破坏等变化；
- 废弃：这是当循环周期进入一个高级阶段时任何城市干预的自然命运。当改造或废弃过程达到一定水平时，就需要新的规划，于是循环周期重新开始在一个随时间变化的新城市体。

从循环周期角度很容易发现传统规划的主要缺点如何形成当前的城市问题：

- 割裂、不综合、非迭代的规划方法，形成的解决方案僵化、功能单一、适应能力差；

- 传统的自上而下规划方法使城市规划难以满足目标客户的实际需求和愿望。同时，没有充分利用当地居民和参与者的巨大信息优势，降低了规划的适应性能力。

- 缺乏系统的日常监测和结果评估过程，必然浪费了很多有价值信息。这些信息可能有助于规划工具和技术的进步与创新，以及对现状结构的优化调整。

可持续城镇化应着力重点解决这三个缺点，同时也要尊重经济、环境和社会可持续发展的总体要求。生态城市项目实际上就是针对这些问题进行设计，从项目研究角度探索基于可持续发展理念与关联的创新规划方法。

5.2 生态城市建设的集成规划方法

集成规划思想实际上是可持续城镇化的核心。它意识到每个城市发展过程的复杂性，尝试通过关注不同领域和部门间的相互关系来解决应对复杂性，但也不忽视具体领域的合理解决方案。集成规划的关键问题是：

- 一个多学科的方法；

- 重复（即反复和持续的）的过程分析；

- 整合各领域的分析结果。

城市，作为分析对象，需要有一个非常实用、方便的分析框架。这需要确定城市分析的要素，该要素既要和规划目标和标准关联，同时也属于特定的学科领域。生态城市项目的分析、评估框架包含以下要素：环境、城市格局、交通、能源与物质流和社会经济（见第2章）。其他类似框架，如基于规模的分类（国土区域、大都市区或城市），在集成规划过程中可能有类似的作用。在生态城市规划中，这些关系到城市代谢和环境功能（交通、能源与物质流、社会经济）的领域，不能像传统规划一样将其作为城市格局的附属，而应被认为具有同等重要性。在每个具体案例中，系统分析方法需要适应不同项目的实际情况。

生态城市项目中，不同的规划目标（见第2章）及其配套的考核指标与措施已经成为一种规划工具（第6章）。这样在整个规划过程中，每个领域既可单独诊断和规划，也不会忽略与整体规划目标的关联。阐明它们之间的相互关系有利于构建规划的重复循环过程。

特别要指出的是，只有采用了多学科融合方法、团队建立了灵活的与各利益相关者长期保持沟通的工作机制，这一系列分析、整合、迭代的工具才能实现最大效益。因此在选择特定区域的合适规划工具时，要牢记其最重要的功能之一是让所有部门和居民理解每个规划过程。

5.3 生态城市建设的公众参与

公众参与原则被认为是可持续发展规划的一个重要环节，其益处表现为：城市发展决策受利益相关者影响越大，则知识积累越丰富，越容易通过身份认同与识别引导为建设性结果，从而避免和化解可能的矛盾。

这个原则有两个主要论点：

- 首先是信息：基本原理是没人比市民（和其他利益相关者）更了解他们的城市。因此通常自上而下的规划方法造成了很多宝贵信息资源的不必要浪费。

- 其次是矛盾：基本原理是每个利益相关者都对其生活和工作的城市有权益、期望和需求。在进行城市规划决策时，如果这些问题不及早考虑，极有可能在某个时候产生冲突和矛盾，导致浪费时间和资源。

因此，可持续规划应是一个自下而上的规划过程，要在规划开始及整个规划过程中请所有群体和利益相关者参与（见图5-2）。关于信息，广泛公众参与的结果表现为由居民掌握和提供的丰富信息，远比专家或专家团队在绘图板或电脑上独自提出的解决方案更丰富、多样。关于矛盾因素，努力创造不同的参与者和利益相关者之间的共识和融合不同用户的需求愿望的这些努力，一般会因为每个人对最终结果的支持而得到回报。

在任何情况下公众参与都不应简化成一次活动，而应是在各规划阶段都要反复参与。非常重要的是，集成规划和评估工具应能够帮助所有利益相关者更方便地参与规划决策过程。这需根据实践情况和规划的不同阶段来选择适宜的技术和方法。

第8章介绍的生态城市案例将详细描述这些方法。虽然已经有很多规划方法[1]，但这是一个始终需要灵活调整和创新的领域。

---

[1] 见第6章。

图5-2
城市规划不同模式

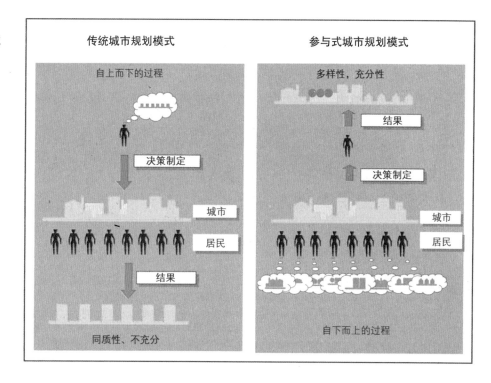

一般来说，生态城市规划过程的公众参与应包括：

- 规划前期：根据市民需求和愿景制定总体规划原则和指南（可选工具：未来研讨会，欧洲方案推广研讨会）[1]；

- 城市规划：决策过程，应包括确定功能、位置、城市要素特征等决策（可选工具：规划研讨会，方案规划）；

- 详细规划：继续将决策过程应用到具体建设项目，如居民参与有特殊价值的社区空间设计（可选工具：微观规划工作坊，建筑专家研讨会）；

- 实施：对正进行的项目进行监测来评估其是否符合审批后的规划（以总体规划为初始方案，在规划过程和公众参与阶段进行确认和调整），也可减少施工过程可能造成的项目中断（可选工具：邻里规划处）。

5.4 生态城市建设的监测和评估

城市发展过程最重要的阶段是在建成后。本阶段会验证规划设想是否可行，也会出现许多出乎意料的情况。为了解建筑干预生命周期的相关情

---

[1] 第6章有更详细的介绍。

况，需要进行必要的管理和维护。如果在规划启动阶段未充分考虑这些情况，可能会引发矛盾，使目标更难实现。如果缺乏规划的监测评估机制与流程会丢失大量有用的跨学科知识。

当城市健康发展过程的评估与反馈工具发挥作用时，城市将根据实际社会需求不断优化与调整，改善存在问题。反之如果城市过程充满矛盾，转变和废弃通常会出现危机。无论如何这两种情况的可持续规划都应包含监测和评估工具。

- 规划阶段的监测评估（规划实施前，前置评估）；
- 建成后监测评估（事后评估）。

决策过程的核心是在规划实施前，所有利益相关者能够参与规划方案的可持续性评估。其理念为构建一个综合分析框架支撑整个规划过程，既要因地制宜，也应便于目标、措施和评价指标间的比较。要从定性和定量两个方面衡量提出的目标是否已实现（包括过程中提出或调整的目标），如果实现了，该项目才算完成。这是生态城市项目开发评估流程采用的方法，其主要目标是开发一套全面、合理的城市可持续发展指标，并可用于评估以下七类案例区域的规划成果。最终确定了包含五类规划元素（城市格局、交通、能源和物质流动、社会经济）的34个指标。

现实情况往往与规划不同，因此项目建成后的后续监测和评估工作特别重要。需要通过数据分析来评估项目是否符合规划要求，必要时必须进行适当调整和优化。实施后评估所用工具与前评估所用工具要求差异，必须基于详细的野外工作和调研技术来进行。同样公众参还是一个关键问题，只有利益相关者能长期参与跟踪实施后评估（如通过创建本地协议来推动参与管理、维护和后续监测等工作），才能使必要的规划调整结果不偏离当地人的需求与愿望。

第6章 生态城市规划技术

为使城市可持续发展项目能集成所有领域的解决方案，生态城市指南（见第4章）和目标（见第7.2.1节）必须和当地需求密切结合。这是项复杂任务，因此许多项目通常仅致力于实现特定领域内的解决方案（如高品质能源概念），但整体发展概念较少。解决这个问题不仅面临技术挑战，最重要的是对设计过程和合理规划程序的挑战。

如何让合适的专业人士与当地代表（民间的和政府的）参与进来？他们如何与联合设计工作进行沟通？这些问题使每个生态城项目参与者应从自身的角度关注以下三项工作：

- 集成各个领域（如城市和交通规划）；
- 整合参与代表和利益相关者，包括政府人员和当地社区居民；
- 调整规划以适应当地要求和具体情况。

每个项目都应制定适合本地实际的个性化设计过程，但生态城市的经验表明，采用和整合已有的各种规划技术非常重要。下文没有全部列出各种技术，只把生态城市项目实施过程采用的实用方法介绍给读者。这些技术还需有各种规划工具的支持（见第7章）来提高规划过程与结果的质量。

6.1 生态城市的基础知识

单个项目应量身定制其规划过程，但以下基本原则应始终应用于所有可持续开发项目：

- 规划应由所有规划领域联合设计（见第6.2.1节：环境最优化法，第6.3节：集成规划技术，以及第7.1.1节：本地交通绩效工具）
- 项目过程需要公众和政府人员自觉参与决策（见第6.2.2节：欧洲认知情景工作坊及第6.5节：公众参与技术）。
- 项目的所有方面应相互关联，探索最优化解决方案（见第6.4节：优化技术；第7.1.2节：Netz WerK Zeug工具）

这些原则应贯穿于所有规划阶段，也应作为下述流程的基础。

规划流程图（图6-1）阐明了城市街区尺度规划过程步骤，重点关注总体规划阶段。它不仅是一个时间表，而且指出了不同阶段规划的重点及其成果。规划领域（由城市规划师、外聘规划师和专家组成，图表左侧）和社区领域（官员与利益群体，图表右侧）的术语体系和方法通常存在差异，但他们必须参与整个规划过程，其见解和需求也应反映在规划成果中（图表中间栏）。

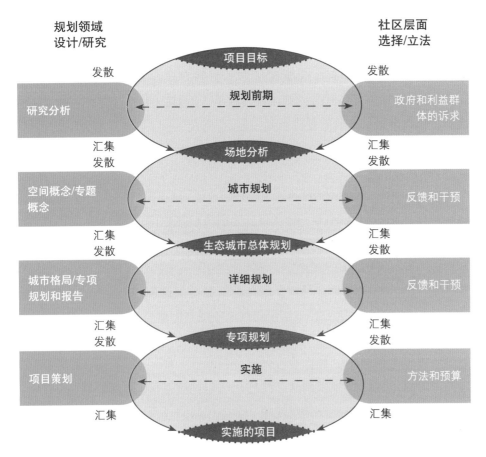

图6-1
生态城市的规划流程图

规划前期

　　整个项目过程从设定一个共同目标开始，然后进行必要的研究分析。场地分析应该考虑周边区域与环境（重点考虑交通、货物和服务的供应）和当地特征（重点关注景观、城市气候和周边区域的连接）。通常应包含可持续规划的所有相关环节与领域，如城市格局、交通、能源和物质流（包括水和废弃物）、社会经济和城市气候。这一阶段也要认真听取社区内不同领域利益群体的具体诉求。

城市规划

　　城市规划阶段，规划领域根据场地分析结果和生态城市可持续发展目标（基本概念），确定空间概念方案。然后规划师与社区领域讨论此初步方案，听取本地居民的多元需求。此过程最终成为生态城市总体规划。

详细规划

在详细规划阶段，不同的发展方案和各专项报告将更加深入具体。由于两个领域自身语言体系不同，因此需安排专门的研讨会和会议。各专项规划问题传达给社区领域时，特别注意要方法得当、公开透明。通过公众参与进行反馈和干预不应是锦上添花，而应作为规划过程必要的组成部分。这些理念（如城市格局、交通或能源）将在专项规划集成过程中被优化（一些可能会被舍弃，其余的则会被整合纳入）。这一阶段从总体规划开始，最终成果为详细、集成的专项规划。

实施

实施阶段启动后，将根据总体规划要求，讨论和确定要采取的措施。实施阶段成果必须在时间、财力和其他资源预算范围内能够实现。这个阶段要确定规划实现的方式和时序。这个阶段的实时监测对监督是否符合规划非常重要，其最终成果是建筑和基础设施项目的完工。

生态城市经验表明，上述方法有益于规划得到公众和政府的支持，有助于放宽视野、树立远景，确定可持续城市规划的重点。

还应指出，以上规划阶段很少完全按线形顺序进行①。各个阶段间应始终保留能反馈的余地，如详细规划发现基本理念的一些设想无法实现，或实施阶段讨论表明总体规划的一些理念需要调整等。此外，项目全生命周期过程，已建成的基础设施在使用、维护和监测过程也可能会发现需要调整和改变的地方。

除具体的规划技术（本章）和工具（第7章）外，外部咨询对提高城市规划项目质量也有重要贡献（见6.6节）。

6.2　其他基本技术

现有的一些方法为生态城市规划技术奠定了重要基础。以下内容将描述这些方法的核心内容，其中环境最优化方法（6.2.1节）注重部门间的整合，而欧洲认知情景工作坊（EASW）方法（6.2.2节）是一种公众参与技术，强调提高城市可持续性发展意识。

6.2.1　环境最优化方法

这是一项支持空间与环境质量整合、提升多学科规划小组内各领域间

---

① 第5.1节　城市发展的循环过程。

相互交流的技术。

第一步，创建"清单"，从环境角度"盘点"场地和项目需求。

第二步，"最优化"，分析所有与环境相关的问题（如能源，生态，水和交通），目标是确定各领域最优的环境可持续解决方案。

第三步，"优化"，将第二步最大化过程确定的单个成果整合为一个"环境设计"，即把所有领域的解决方案整合成一个环境最优化的概念设计。

第四步，"集成"，把设计方案集成到涵盖政策、战略、成本、预算和市场等其他领域的总体规划中。这一过程通常需要部门间的协调，且要求始终遵守特定的环保标准。

环境最优化法已由荷兰代尔夫特practice BOOM的Kees Duijvestein〔2004〕开发。欲了解更多信息可登录网站www.boomdelft.nl。

6.2.2 欧洲认知情景工作坊

欧洲认知情景工作坊是一种基于对未来假设的公众参与方法，旨在就愿景和优先事宜达成一致。研讨会为期两天，参加人数约为50～60人，可涵盖不同本地居民群体。受邀者来自决策者、技术专家、私营部门、市民和社会团体等五个不同利益群体。每天均包括介绍性的全体会议、主持人协调的小型讨论组和小组结果报告会。第一天致力于建立共同愿景，包括积极和消极方面。第二天以前一天制定的共同框架为基础，通过专题工作组制定行动计划步骤，努力实现积极愿景，避免或解决消极问题。研讨会最后将为所有建议进行排序。会议结束后会把成果提交给本地政府、公众和媒体。该过程和结果的详细报告也将反馈给参与者和广大市民。

"欧洲认知情景工作坊"是欧盟委员会创新项目中开发的一种方法，主要基于丹麦科技委员会的"城市可持续发展"项目经验和其他较成功的欧盟参与方法。欲了解更多信息，可登录欧盟委员会网站http://cordis.europa.eu/easw/home.html。

6.3 集成规划技术

集成规划①对综合项目实现生态城市总体目标特别重要。生态城市方法要全面理解城市及其涉及可持续发展的诸多领域，并要将生态、社会与经

---

① 尽管网络和项目描述的相关文献经常提到"集成规划"，但是并没有对此过程的一个具体定义。如Kohler&Russel（2004）和spate（无确切日期）将集成规划认为是可持续建筑物的复杂建筑过程。JEA把这些改编加入到城市规划过程。

济问题和传统城市规划结合。因此，要实现协同效应必须在更高层面集成各领域理念，增强关联性，这样形成的整体解决方案要远好于把单个领域的优秀解决方案简单组合。基于对良好规划成果的期待，这种方法可极大地提高规划效率和灵活性，快速应对不断变化的需求（如住房市场、投资者或新技术），并将延期或不必要的工作降到最低。

6.3.1 跨学科规划团队

可持续发展可从多个角度进行界定，生态城市规划也应全部考虑这些因素。建立跨学科的规划团队是在规划过程获取相关知识，并获得高质量专项规划理念的重要前提。这需要建立一个能代表所有可持续规划相关学科（包括交通、能源、水和城市气候专家等）和政府部门的团队。该团队应由内部和外部规划师与专家、不同政府部门和公用服务机构代表、本地专家共同组成。但规划合作方的数量和整合模式必须适应项目的复杂程度，并要根据项目管理资源来满足合理要求，保证其可实施性。

由于项目启动阶段的初步决策方案就会对所有领域产生影响，且随着时间推移对项目调整影响力逐渐减弱，因此在项目启动阶段就应该让所有合作方参加。需要通过频繁的信息交流来确保各专项领域解决方案和整体方案能够不断取得进步。项目启动时应根据各方共同确定的项目目标，在特定表格中详细列出所有合作方的贡献和所承担的任务。这个过程也要可调整，以适应一些新出现的需求或项目之外的影响因素。

6.3.2 循环研讨过程

循环研讨规划过程对规划团队成员间的整合与协作非常必要，其理念是让规划团队成员全部参与，通过反复循环的规划过程不断推进总体规划和专项规划，逐步提高规划质量。这需要不断通过项目研讨（手工勾绘、写、画）或专题会议（汇报、讨论）形式来进行对话和互动沟通，通过高质量的项目管理来不断协调各平行小组的工作进度，组织沟通交流，确保所有参与者平等地参与决策（如避免城市规划师占据主导地位）。可以利用网络沟通平台、视频会议、网络会议、CAD软件的网络白板草图和共享程序等计算机支持协同工作工具（特别是有远程成员参与时）来支持高效的工作流程。此外应特别注重创造良好的工作氛围，如团队成员能力很强，但人员间产生矛盾，则会对工作流程和决策产生负面影响。

6.3.3　自下而上的设计

规划，如交通规划，通常是从宏观层面逐渐向微观层面深入。这对场地分析而言是一个合理的工作流程，如区域居住区布局会影响交通需求。在规划个人机动车交通和公共交通网络时，应考虑更大尺度上城市、地区和国家的交通关系。但对于居住区设计和城区开发而言也需反向考虑微观到宏观的战略过程。

所谓自下而上的设计，就是从微观层面开始逐步上移到区域层面，在规划早期过程就关注为营造步行、骑车和有吸引力公共空间的宜居环境要采取的措施。这种从慢行交通模式开始的方法，是为在生活和工作环境、邻里和市区尺度实现可持续交通的基本设计技术（见7.1.1本地交通绩效工具）。因此，场地分析工作在尺度和模式上应从大到小，由外到内，而设计大多应反向进行。

6.4　优化技术

如前所述，由于城市可持续发展具有高度复杂性，因此很多项目只能关注很少一部分特定领域的可持续发展（如交通、水资源管理或能源）。利用优化技术既可同时应对多个可持续发展领域，也有助于应对系统自身复杂性的挑战。由于优化一个复杂巨系统很困难，因此应先将其分解成多个可控的子系统，然后再整合为综合的城市系统［R005，H.，1997］。这种先降低复杂性、然后再进行创新的过程是优化技术的基础。这既可提高规划过程的透明度，涵盖所有专题领域，也有利于按照总体设想逐步实现专题成果的高度融合。生态城市途径是一种发散—收敛技术，包括制定方案、集成规划和公众参与技术。每个设计阶段都从发散阶段开始（各领域分别制定多个解决方案），然后在收敛阶段进行融合优化，提出规划成果（如概念规划、总体规划）。发散阶段重点强调设计，而收敛阶段则以详细设计、实际措施、财务计算和评估检查为主。

6.4.1　叠加技术

叠加技术的理念是，首先为城市可持续发展的各领域逐个制定最佳解决方案，编制规划（如交通、能源和水），然后将这些解决方案与城市设计目标一起整合为一个"新陈代谢"功能良好的整体［Battle, G., + McCarthy, C., 2001］。通过图像处理或辅助设计软件来处理复杂的多图层任务可以大幅提高总体规划编制的效率。这种方法可直接描述研究区的相关环境参数

（如城市气候系统、噪声、地下水与地表水风险、栖息地网络等），也可以将其进行合并，生成叠加图层［DAAB, K., 1996］。此方法还可阐明各结构要素间的相互关系，如社区集中停车场布局，公共交通站点布局与周边土地用途、密度分布特征。

这样可以产生多种不同方案，但由于各领域确定的结构相互有关联，因此各种方案需要在融合阶段进行协调，以便平衡各种需求间的潜在矛盾，例如，紧凑的朝南建筑结构与通风走廊的需求，或高密度建筑布局和绿色开放空间需求间的矛盾。因此需要通过合理透明的程序界定优先事宜并达成妥协（另见7.1.2节的NetzWerkZeug工具）。

6.4.2 情景规划

情景规划方法有利于探索操作空间、拓展解决方案范畴、分析讨论方案的质量［Albers G., 1996］，也有助于建立透明的决策过程。其目标是整合不同社会经济背景下的专项规划方案，探索综合全面的解决方案，而不仅涉及城市格局一个方面［Müller-Ibold, K. 1997］（如街区和建筑物类型的不同布局方案）或一个领域（如机动车交通替代策略的调查）。

进行情景规划时，首先要广泛地提出方案（如土地利用布局、主要开放空间格局或重要交通干线），在此基础上制定初步概念。之后要描绘更详细的方案（如建筑结构及其能源供应策略、交通网络与基础设施，或雨洪管理与公共空间系统的集成等），为制定总体规划提供基础。由于规划项目的所有参与者可以对情景方案进行讨论，因此整个设计策略应和公众参与过程密切联系。可以通过规划图、透视图或参考图等方式更直观地表达预期成果，以便让不常参与项目规划的人也可以理解。

6.5 公众参与技术

可持续规划面临的一个重大挑战是如何促进理论性强、目标宏伟且抽象的初步概念和当地政治经济实际情况进行卓有成效的交流。由于项目目标是既要尽可能提升可持续城市设计的质量，又要达成广泛共识，因此规划过程要充分进行互动和参与。每个城市开发项目都有其独特的历史背景、特定关键角色、本地规划、社会文化以及其自身的财政体系，因此所有项目都要按已有框架来制定其个性的设计过程，以便在开发过程中为每个阶段选择适宜的方法。要从众多社区规划技术中选取适宜本项目各阶段的关键技术，将其列入菜单。最终结构将取决于本地可变因素，如项目规模和复杂程度。总的来说，通过咨询过程来交换信息和意见应是生态城市规划的最低要求，而不应是自上而下、单向的信息流。但其目标是促进更广泛的社区参与，包括对规划过程产生实际影响，甚至能直接影响决策（见图4.2）。

6.5.1　社区委员会

社区委员会要从一开始就着手建立，并在规划启动后就持续发挥作用，这是进行互动和参与的关键要素。委员会应包括来自于政府的规划师和以下群体的代表，如本地政府部门、外聘规划师和专家、各政党和市议会成员、"地方21世纪议程"参与者和其他重要利益群体、居民和贸易联盟等利益相关者。其目标既包括让本地利益群体参与到规划项目中，同时要就公众参与过程的设计进行讨论。项目负责人和社区委员会要共同确定社区规划活动的数量和时间。

6.5.2　社区规划活动

由于社区居民早已形成了最佳的解决方案（或可能方案），因此项目启动后就可以召开社区规划活动（如社区会议或周末社区规划），以指导第一阶段的概念方案设计（另见6.1节）。但社区规划活动也可用于下一阶段的规划过程。社区规划活动也可用于提升城市设计质量，推动各种技术和社会观念的进步，建立主要参与者、非正式支持者和政治委员会间的信任，创造一个共同的远景和适宜的宣传机制，并向有意做出贡献或将来生活、工作在此的群体传达项目理念。这项活动还可释放能量和热情，把批评变成建设性的对话，促进跨学科思考和行动，为所有参与者提供快捷学习途径，同时也节省时间和金钱。

一个典型的社区规划活动（需根据规划项目具体情况进行调整）案例概况如下［Wates, N., 1996 and v. Zadow, A., 1997］：活动筹备期约为几个星期到几个月不等，这取决于项目规模和性质。其基本目标是确保尽可能多的人群参与这项活动。和各类关键利益群体代表进行密集的访谈既有助于提高人们对社区规划进程的兴趣，同时也利于获取关注问题的信息。

多学科规划团队汇集了符合项目具体特征所需的技能和经验。它可向关键人物获取和收集背景信息，还可提供（或招收）研讨会主持人、顾问、分析员，通常还包括编辑团队来编写该活动的最终报告。如果某特定群体无法或不愿参加这项活动，可在活动前进行重点群体访谈，并将结果反馈到规划过程。

活动本身为策划一系列问题导向的"未来研讨会"，目的是解决预规划阶段识别出的主要专项问题。在活动中，研讨会主持人启动以下三项议程：

- 问题：梳理，评论；
- 梦想：想象力，"乌托邦"；
- 对策：实现，如何成为现实。

因此该过程从消极的批评转变为积极的提议与建议，最终变为提出如何实现这些提议的实际建议。

想法提出后即可进行讨论，在完全包容的过程中进行建设性的对话。该过程可能会否决单一或冒进的议题。全体会议将报告反馈结果，因此所有人均可不断了解最新进展。

在参与式规划的过程中，各类参与者身体力行，对研讨会期间的发现和提议进行分析，进行该地区不同尺度的规划。尽管各领域专家和专业人士都出席和协助举行会议，但要重点强调应该由"非专业"参与者和其他非专业人士（他们未必能够达成一致意见）共同提出潜在的解决方案。这个过程传播了具有挑战性的单一反面意见的潜在可能性。巡视小组也可以从其他小组收集更多的信息，并直接反馈到过程中。

参与式规划会议预期成果是在共同协作基础上制定的一系列有视觉冲击的规划。这些规划能够结合社区期望、商业现状和可持续发展理念。在全体会议上，团体成员将展示这些规划，让所有活动参与者都可了解这些理念和提出的规划方案。尽管没有限制，但经常会出现惊人的共识。在社区规划活动后期通常举办"推广研讨会"来讨论如何推动发展过程。此活动非常重要的是可以形成持续的活力和共同使命。规划活动团队随后将分析和评价公开会议的成果。社会规划产生的远景方案和研讨会过程、亲自参与规划过程和推进研讨会的建议等成果，将通过幻灯片、展览、印刷品或在线文档等方式反馈给参与者与公众。

6.5.3 社区信息工具

尽管社区委员会和规划活动经常时不时地进行沟通来减少交流隔阂，项目负责人仍可以通过许多传统社区信息工具来帮助进行信息沟通。展览（用来宣传规划过程内部信息）和问卷调查（用来收集个人信息）可以支持特定阶段的规划和设计过程。应用互联网等先进的信息交流平台，如项目网站，可提高规划过程的透明度，让每个人都能够访问信息、提出意见。

然而在项目规划过程中，任何信息交流工具都无法取代综合的、面对面的互动交流和参与过程。由于可持续规划项目极具挑战性，因此在推动和影响它的人们之间建立信任特别重要。只有建立起了伙伴关系，能够感受和体会他人的态度，才能更好地实现项目愿景。

6.6 生态城市咨询策略

通过引入其他领域知识或对规划过程进行过程导向的专业指导等外部专家咨询可以提高规划项目质量。生态城市项目已形成两个连贯的咨询策略步骤：

- 利用生态城市自评估表进行规划方案的自评估（见7.2.3节）；
- 外部相关领域专家构成的质量指导团队举办生态城市质量研讨会。

自评估必须由本地项目组执行，并根据生态城市自评估清单所列问题对项目进行评价。这项工作在总体规划初稿完成且正式社区参与活动尚未开展时进行效果最佳。因为生态城市质量研讨会期间提出的任何修改建议均可集成到规划中，并提交给社区进行讨论。

质量指导团队应由可持续城市规划、交通规划、能源和团队影响力、公众参与等领域经验丰富的专家组成。这些专家可从本地聘请（如城市规划设计公司、研究机构和大学等），但他们的经验应超越本地背景和环境范畴，可以完成其他地区甚至其他（欧洲）国家的规划项目。

生态城市咨询策略的目标是促进：

- 整体和多部门/领域的方法；
- 以生态城市目标与措施清单（见7.2.1节）和自评估一表（见7.2.3节）为基础进行专业人士间的沟通；
- 经验和知识的国际交流。

质量研讨会旨在帮助克服自评估过程发现的问题与不足，强调对规划项目进行切实提升。实现这一优化目标，需要全面理解各专业部门间的相互关系，以提供整体的解决方案。

研讨会应包括三项议程：

- 根据生态城市目标进行自评估，得出分析结论；
- 提出优化和改善的建议；
- 将这些建议融入具体规划。

在质量研讨会上，所有（本地）部门专家，特别是交通规划师和城市规划师应协同工作。

这个研讨会也可作为实施过程的开始，这也是鼓励所有地方规划师和利益相关者参加研讨会的另外一个原因。研讨会的具体议程应根据项目、团队和自评估结果确定。

生态城市项目质量研讨会最常处理的问题包括：

- 将生态原则和概念整合到城市规划中；
- 整合可持续交通规划和城市规划；
- 在物流和节能等领域进行经验交流；
- 开发时序规划与财务规划相结合。

这种与外部专家协同工作模式通常有助于提高规划的"生态城市质量"。此外优化步骤的可行性更容易说服地方项目更外围的利益相关者。这对项目实施来说是一个非常重要的开始，同时也是质量研讨会综合整体方法的一个结果。

第7章 生态城市规划工具

7.1 生态城市项目使用的工具

以下工具可用于第6章中所描述城市规划技术的支撑要素。本章简单介绍相关内容，读者可以进一步参考更多来源和相关细节（书末的推荐阅读部分）。

7.1.1 本地交通绩效

本地交通绩效（Local transport performance LTP）[①]是一个协作规划工具，可在规划过程中帮助城市规划师、城市设计师和交通工程师进行沟通协调。LTP有助于他们共同确定城市和交通设计方案，明确其对建成环境质量的影响与成效。LTP方法可用于任何城市开发或更新项目（如新建住宅区的布局）。

LTP的重点主要在交通方式的选择上，如从汽车向更可持续交通工具方式的转变。这个策略将基于行人、自行车和公共交通使用者的看法上进行设计（也见6.3.3自下而上的设计）。

这种方法可以通过研讨会进行，通常2~3个研讨会就熟悉LTP。研讨会期间利用一个简单的数学模型来辅助规划过程进行不同规划方案选择（基于对可持续交通及建成环境的影响）。

在迭代过程中，新的设计方案可能改变规划目标和原则，新的数学分析可能让设计师重绘方案，新的想法可能会面临新的设计挑战。也可能是规划过程中的不同步骤和规模的空间层次之间的相互作用。例如，如果在街区层面上提出一个可接受的设计方案非常困难，那可能需要重新考虑邻里层面上的一些基本原则。

LTP方法可帮助政府对新建或改建项目进行选址。它旨在让每个人都参与本地空间规划，并关注城市设计和交通的一体化。因此，规划团队应包括来自多个政府管理部门（规划、交通运输、环境等）。项目开发商、交通服务运营商、企业、民间组织和居民也能够成为规划团队的一部分（也参见第6.5节的公众参与）。

---

① LTP由生态城市的合作伙伴NOVEM开发。其拥有英语数字版本，可以从NOVEM订购（联系方式：g.huismans@senternovem.nl）。

7.1.2　NetzWerkZeug

NetzWerkZeug（网络工具）①是一个以互联网为基础的城市可持续发展规划信息工具。它基于可持续发展和城市发展间相互联系的研究，并由研究对象划分的模块组成，如能源、交通、水/废水和城市气候，这些有助于可持续发展的总体需求在城区层面规划上实现。这些模块提供了研究对象的原则、标准和具体措施，如公共交通、土地混合使用、太阳能主动和被动式利用、废水处理、通风廊道。相关维度问题也在其考虑范围内。NetzWerkZeug重点在于模块之间的相互关系（如厌氧废水处理产生的沼气用于能源供应），它们通过超链接和交互式图形来表现（类似于下文中的图7-3）。

NetzWerkZeug也提供了一个设计工具，支持综合性和多学科过程中对城市规划问题进行生态/社会方面的考虑。这个设计工具提出了有助于开发图形架构的规划策略，并包含对应的措施和方案，如太阳能光电板的大小（能源模块），公共交通服务半径覆盖范围（交通模块）或栖息地网络（景观模块），并将这些应用于研究领域，确定其空间分布。然后进一步对不同要素进行研究，最后将结果整合成不同的方案，如能源或交通，并最后进行评估。通过应用已经获得积极评价的理念可有助于产生多种不同的方案（又见第6.4.1节），例如注重高品质交通或能源概念。通过叠加过程来阐述各专项领域间的相互关系，通常会产生影响专题理念的反馈，但它不会改变规划过程中可持续发展的基本原则。不同概念组合产生的情景方案可提供多种可能的解决途径。规划成果为可持续发展的总体规划，包括城市规划范围可持续发展的重要原则。

7.1.3　能源生物气候计算和模拟工具

利用计算机辅助工具可更好地规划高能效的城市格局与建筑布局，也有益于设计产生让市民健康幸福的生物气候环境的生物气候条件。有了这样的工具，不仅可以在规划阶段分析建筑物的供热、制冷、自然采光和通风等室内生物气候和能源性能，而且还可以分析城市形态和建筑结构之间的相互关系。

这类工具数量很多，从电子表格的计算到复杂昂贵的专利软件。最基本的方法是使用如微软的Excel等电子表格分析工具，来优化城市格局的密度和太阳方位。评估太阳方位可以通过计算向南或西南/东南（为减少这种偏差因

① 工具是由生态城市的合作伙伴Joachim Eble建筑事务所的罗尔夫·梅塞施密特（Rolf Messerschmidt）开发的。它在互联网网站上www.netzwerkzeug.de——大部分内容是英文——可供使用。

素）的建筑物总楼面面积，以及考虑有遮阳效果建筑物的遮阴系数。评估结果是向阳建筑物的楼面面积与规划区域总楼面面积的平均比例。同样的方法可用于计算所有建筑物的面积与体积比，以评估城市格局的紧凑性[①]。

下一步可在城市尺度应用简单易用的能源规划软件。SOLCITY[②]就是一个例子。此软件能够根据被动式太阳能效益设计和优化建筑结构和建筑物之间的距离和高度。此外，建筑结构的紧凑性可以用像AVplan这样的低成本软件工具来评估和改善[③]。对复杂情况，如具有不同几何形状的高密度结构，或要实现更精确的结果，建议使用高端仿真工具。这些软件均可以分析屋顶的复杂形状、树木的位置和居民点选址偏好。例如，GOSOL[④]可以帮助住宅减少5%～20%的能源消耗。使用这些工具既可以节约能源，也会使建设成本与传统方法持平或更低。

然而，对于控制非常复杂的城市配置，精确分析城市室外空间的舒适性，模拟建筑物特殊的自然和机械通风系统以及其与城市格局的关系，上述工具是不够的。为此，计算流体动力学（CFD）仿真系统（如Fluent[⑤]、Phoenics[⑥]和Ansys[⑦]）可以由专业规划师、顾问或科研院所来运用（见图7-1）。它们可用于评估城市和建筑的形态，来调控和改善不同层面的城市能源效率和舒适性：

- 在城市规划层面：优化不同气候、季节和地形条件下的风场与风速；制定御寒措施，如建筑物的位置和防护元素（如树、屏风等）；优化温暖季节建筑的通风性。

- 在单体建筑层面：改善建筑内部的通风；实现建筑物和建筑构件高能效性能的被动式制冷、自然通风系统和被动式获取太阳能。

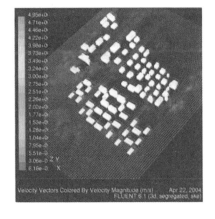

图7-1
风速的计算流体动力学（CFD）仿真（ECOCITY settlement Umbertide, 意大利）

---

① 此方法是生态城市合作伙伴Eboek. Tuebingen 为了生态城市案例研究的评价而开发和应用的。欲了解更多信息，可看www.ecocityprojects.net的评价部分。

② SOLCITY-Städtebau und Gebäude-ausrichtung；由德国波鸿市Wortmann &Scheerer 设计并可向其购买；www.wortmannscheerer.de。

③ AVplan -www.gosol.de。

④ GOSOL -www.gosol.de。

⑤ Fluent -www.fluent.com。

⑥ Phoenics by CHAM-www.cham.co.uk。

⑦ Ansys -www.ansys.co。

7.2 生态城市项目开展过程开发的工具

第6章中阐述的规划理念与技术仅粗略地说明了规划的过程。下面将更详细的阐述项目开展过程生态城市规划所需要的具体信息，如：

- 整合目标和措施，即选择可实现生态城市目标的措施（见第7.2.1节）；
- 通过确定相互关联的目标来生成综合性目标及优先顺序（见第7.2.2节）；
- 自评估清单，帮助建立生态城市所需的实施程度（见第7.2.3节）；
- 生态城市评估方案的介绍（见第7.2.4节）。

图7-2表明生态城市开发过程（又见图7-1），使用这些工具的时间段。

图7-2
生态城市工具应用的时间段

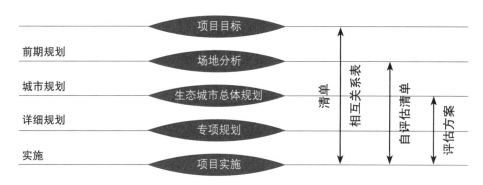

7.2.1 生态城市目标和措施清单

生态城市规划的五要素包括：区域和城市环境及其与城市发展紧密关联的城市格局、交通、能源和物流、社会经济。下表列出了这五个规划要素及其关联的生态城市目标（又见第2章）及其实现措施。对每一个目标来说，跨领域协作是实现生态城市方法的主要要求之一，因此也对其他相关目标进行了阐述[①]。表7-1说明表格表现形式的逻辑。

表7-1
生态城市目标与措施清单的结构

城市规划问题
>目标
>>相关问题
·措施

---

① 为了保持列表的可控性，各种城市规划范围内问题的相互关系没有专门介绍。

生态城市清单可应用于：

- 在城市规划项目的前期规划阶段设立项目目标；
- 在规划阶段提供可选用的措施；
- 在特定的时间节点或者规划完成后对总体规划或专项规划成果进行评估；
- 在实施过程中保障各项目标的实现。

7.2.1.1 区域和城市环境

自然环境
>努力保护周边景观和自然要素
>>又见：土地需求，景观/绿化，城市舒适性，个人机动车出行，能源，水，废弃物，经济
· 将城市边界作为城市与环境（水循环，植被，野生动物，休闲）交换的区域，为周边景观引入城市创造条件。 · 建立完善的措施避免居民区未来无序扩张。 · 在人口或产业萎缩地区（即"萎缩城市"）再造景观/自然栖息地。 · 保护周边景观的生物多样性及其栖息地。 · 减少有害物质对植被、野生动植物和水系统的影响。 · 在区域及城市层面保护或重建绿色廊道，连接公共空间。
>努力保护周边景观和自然要素
>>又见：土地需求，景观/绿地，城市舒适性，慢行/公共交通，能源，社会问题，经济
· 在周边景观中提供与市区紧密连接的休闲娱乐场所，让人们亲近自然，可以就近进行周末度假。 · 发展和培育区域的可持续农业（如设置销售本地生产食品的直营市场）、林业和旅游业，同时保护文化景观。 · 利用本地农业和林业的剩余生物质燃料来生产能量。
>与气候、地形和地质环境相适应的规划
>>又见：土地需求，公共空间，景观/绿地，城市舒适性，慢行/公共交通，货物运输，能源，水，建筑材料，成本
· 利用（和保护）对城市气候重要的景观和地形要素（如作为冷空气来源的树林和森林，作为气候平衡要素的湖泊，作为空气交换走廊的山谷和山坡），避免对空气交换走廊带来障碍。 · 使空气污染源远离对于城市气候重要的地区和走廊，并在扩大居民区时考虑主要风向问题。 · 在设计公共场所（考虑防风，屋顶的防雨、防晒和遮阴等要素）和建筑物设计（形状、材料、能源概念等）时，应考虑当地的气候条件。 · 在设计交通系统（如规划步行和自行车道）、能源效率系统（例如避免在北向朝阴布局居住）和水系统（如地表雨水管理）方面，要考虑当地地形。 · 结合地质条件（土壤、地下水等）进行规划，如进行城市绿化、雨水管理和房屋建造。

建成环境

>努力构建多中心、紧凑和以交通为导向的城市格局

>>又见：土地需求，土地利用，公共空间，景观/绿化，城市舒适度，慢行/公共交通，个人机动车出行，货物运输，能源，社会问题，成本

- 努力构建多中心、与基础设施和市中心有良好可达性的城市格局，提供高品质的基础设施和工作场所。
- 将城市组织成一个由既功能混合又各具特色的城市社区组成的网络。
- 在具有发展公共交通潜力的地段集中发展城市。将新的聚居区（现有聚居区的新建筑）布置在公共交通的（潜在）轴线上（公交导向型开发），并避免开发建设影响这些轴线上的公共空间（绿手指）。
- 将新建或改建开发活动融入公共交通及与本地、大都市区、区域、国家、全球层面上交流网络中。
- 在区域和当地层面上进行土地管理。
- 通过价格和补贴杠杆，来改变开发格局和交通系统（如根据时间和地点的不同而设定建设补贴、道路收费、PT票价等）。

>考虑供应和处理系统的集中和分散模式

>>又见：土地需求，公共空间，景观/绿化，城市舒适性，建筑物，货物运输，能源，水，废弃物，建材，经济，成本

- 在设计区域供热网络时，考虑分布式的集中能源供应系统，如街区供热网络（而不是以整个城市大规模供热系统或住宅区内的小型供热系统）。
- 尽可能提高可再生能源在本地或区域的使用比例（如风力电站或区域内的生物质能电站）。
- 力争场地（湿地污水处理设施）或建筑物（污水净化厂）污水处理分布或布局。
- 考虑由废水产生的沼气在场地内再利用或用于供热。
- 提供场地内堆肥和再利用有机废物的可能性。

>推动文化遗产的使用、再利用和复兴

>>又见：土地需求，土地利用，公共空间，景观/绿化，城市舒适性，建筑物，能源，建材，社会问题，经济，成本

- 尊重有关城市历史肌理的文化遗产（如增长和发展阶段，街道网络的层次和设计，建设地段的质地，土地利用格局）。
- 考虑区域和地方的建筑形态（考虑到对太阳、风、雨、雪等环境下建筑的保护），地域生活文化，基于当地工艺技术的美学等，并努力保持和重新使用现有元素（如建筑物）、开放空间的元素和基础设施（作为地方特色和城市文化遗产传承的贡献）。

7.2.1.2 城市格局

土地需求

>提高土地和既有建筑的再利用，以减少对土地和新建筑物的需求

>>又见：自然环境，建成环境，慢行/公共交通，能源，建筑材料，社会问题，经济，成本

- 尽可能利用市区内部土地进行开发，比如街区和建筑间的空地，来建设紧凑型城市（但需避免过度拥挤及确保有足够的绿地空间）。

续表

- 优先考虑区位良好的既有场地的再利用（棕地开发）。
- 通过城市管理最大限度减少闲置住宅、建筑物和地块的比例（如将全市范围内可用的地块/住房登记在册，开展中心城区开发活动）。

>开发合理的高密度城市格局

>>又见：自然环境，建成环境，慢行/公共交通，个人机动车出行，货物运输，能源，水，废弃物，建材，社会问题，经济，成本

- 旨在形成合理的高密度以减少土地的消耗，提高社会密度以及公共交通、社区供热系统和基础设施供给的可行性和成本效益。
- 考虑限制密度的情况，如太阳能的被动和主动式利用，良好的采光条件，充足的公共空间，地表雨水管理以及换气通廊。
- 在公共交通站点周围进行最高密度开发。
- 对于居住和商业建筑，使用紧凑型和多层的建筑类型。
- 考虑通过最大限度地减少机动车交通和停车场的土地需求来增加密度。

土地利用

>实现居住、工作、教育、供应（货物和服务）以及社会和娱乐设施之间的功能平衡

>>又见：建成环境，慢行/公共交通，个人机动车出行，货物运输，能源，社会问题，经济，成本

- 保持居住建筑和工作场所间的均衡比例。
- 保持居住和商业单元的均衡比例（尤其是满足日常需求的零售业），以及文化、教育和社会设施的均衡（如幼儿园，中小学，全科诊所，酒吧餐馆）。
- 在新建区域通过增加基础设施来吸引社区居民聚集（社区建设）。
- 维护和加强现有的功能混合，同时在现有单一功能区加入新的功能。
- 确保这些设施的合理分布，以实现社区或城市范围内的短距离通勤（步行、骑自行车或使用公共交通工具）。

>在建筑、街区和社区层面实现密路网、功能混合布局

>>又见：建成环境，慢行/公共交通，个人机动车出行，货物运输，能源，社会问题，经济，成本

- 提高城市和建筑结构的多样性和灵活性，以应对随时间产生的功能变化。
- 在特定区域对建筑层面（如较低楼层用于商铺，较高楼层用于住宅）或街区层面（在街区北侧或向朝东或朝西布设商业建筑）进行功能混合优化。
- 通过不同混合结构与混合比例来创建各种类型的混合功能区

公共空间

>为日常生活提供有吸引力和宜居的公共空间，包括考辨识度和连接度

>>又见：自然环境，建成环境，慢行/公共交通，个人机动车出行，货物运输，能源，水，废弃物，建材，社会问题，经济，成本

- 邻近生活和工作区域规划充足的公共空间（广场，愉悦的街道，绿化区域）。
- 促进公共场所的功能多样化（避免单一功能）和很好的辨识性。
- 为具有地方特色的社区创建不同城市肌理的开放空间、建筑类型和景观元素。
- 规划通过步行网络相互连接的公共空间体系（广场，公园，街景），并在空间上形成系列的吸引点，避免建筑遮挡。

- 通过开放空间的设计来创建沟通机会，在（高密度）邻里社区（如邻里中心）实现充分的高质量的社会交往。
- 使建筑物朝向公共空间（适当使用窗、入口、有吸引力的底层门面）。
- 提供开放空间元素和较高审美情趣的结构（水景设计，街道和广场的铺装、建筑外立面、街道小品等），为包括儿童在内的公众提供多样化的感官体验。
- 减少机动车专用道的空间比例，降低机动车交通对公共场所造成的干扰（尤其要考虑安全和噪声问题）。

景观/绿地空间

>将自然要素和自然循环融入城市体系

>>又见：自然环境，建成环境，慢行/公共交通，能源，水，废弃物，社会问题

- 重建和保护城市野生生物栖息地和栖息地网络（使用生态廊道连接开放空间，避免障碍，创建供动物中途歇脚的栖息地，考虑生态桥梁），包括与周边景观融合的绿色廊道。
- 尽量扩大用于种植的软景观区域（在地面、外墙和屋顶层）。
- 保护、修复或新建城市的绿地和水系统（树木、绿篱、草地、种养殖区、水系、喷泉等），特别是那些对生物气候至关重要的要素。
- 维护河堤或水体两岸的自然状态（池塘、湖泊、溪流或河流），必要时进行修复。
- 最大限度减少不透水地表（建筑物的地基、人行道的处理、停车空间等）。
- 促进公共、半公共和私有绿地空间的均衡布局，为居民提供接触与学习园艺的机会，并考虑在适当区域建设都市农场。
- 为儿童提供可体验自然和培养自然环境意识的场所。

城市舒适性

>提高平时、季度和年度户外活动的舒适度

>>又见：自然环境，建成环境，慢行/公共交通，个人机动车出行，货物运输，能源，水，废弃物，建材，社会问题，经济

- 考虑公共空间的生物自然条件（光、风、太阳、雨、雪等），以实现公共场所的全天候使用。
- 根据城市通风要求来创建社区和街区的形态（为绿地、街区和建筑物选择因地制宜的布局和材料）。
- 规划和使用水面（如作为雨水管理系统的一部分）来改善城市舒适性，为街区或建筑的自然通风作出贡献。
- 通过在适当的地方种植和维护树木及其他植被，营造绿色屋顶和墙面，或保持地表可渗透性，来增加城市土地吸收雨水的能力（和过滤杂质的能力）。
- 减少移动通信、供电、电气化铁路系统和其他技术设备的基础设施对人们健康和福祉的影响（通过保持足够的距离及使用屏蔽材料和结构，来避免电磁辐射接触）。

>最大限度地减少噪声和空气污染

>>又见：自然环境，建成环境，慢行/公共交通，个人机动车出行，货物运输，经济

- 采取积极措施减少交通、商业、休闲和体育活动的噪声影响，源头上避免噪声。
- 通过减少交通、商业、工业、电厂和家庭供暖系统的源头污染物和颗粒物排放来改善空气质量。
- 通过被动式措施控制排放（足够的距离，防护墙/堤防，种植防护林，街区、建筑物和楼层的布局）。
- 最大限度地减少施工对城市舒适性的影响。

建筑物

>最大限度地提高建筑物室内舒适度和全生命周期过程的资源保护

>>又见：建成环境，能源，水，废弃物，建材，成本

- 维护或再利用现有建筑物来延续现有用途或转换为新用途，并促进其更新（尤其是针对能源的需求和供给）。
- 在建造、供暖、通风和空调（HVAC）设备（建筑服务）推广低能耗或被动式建筑标准。
- 在生产、建造、使用和拆卸过程使用"健康"的建筑材料。
- 最大限度提高材料和结构的耐用性，可拆卸度和回收性。
- 允许逆向工程，以便后期安装供暖、通风和空调设备（建筑服务）。
- 减少建筑物的维护需求。

>规划灵活、互动、可达的建筑物

>>又见：建成环境，慢行/公共交通，能源，水，建材，社会问题，经济，成本

- 使用灵活的建筑设计，以便应对随时间推移产生功能变化（例如，从居住到商业功能转变）以及使用者对内部空间的改造和调整。
- 实现建筑物与公共场所间的紧密连接，和灵活的建筑门面（外立面，功能和入口的分配），避免使用影响可达性的障碍物（引起弯路、台阶等的建筑布局）。
- 推广融合创新生活理念的互动式建筑。
- 为老年人寻求新的居住理念，包括多代人混合居住的理念（"老幼"项目）。
- 尝试混合功能建筑的可能性建筑物（如较低楼层用于商铺，较高楼层用于住宅）。

7.2.1.3　交通

慢行/公共交通

>尽量减少出行活动的距离（时间和空间上），来减少出行需求

>>又见：建成环境，土地需求，土地利用，公共空间，景观/绿化，城市舒适性，建筑物，社会问题

- 设计适宜步行的短距离城市格局（见密度、混合使用）和布设步行网络的建筑布局，来避免长距离绕行（社区内部避免使用难以穿越的主要交通要道）。
- 整合混合使用社区内所有重要的目标节点（商店、学校、主要工作场所），使其靠近公共交通站点并与外部区域保持良好的可达性。
- 建立邻近居民区的高品质开放空间格局（广场、公园、街景等），以减少休闲出行需求。

>优先考虑以步行和自行车道做为社区内部主要交通网络

>>又见：自然环境，建成环境，土地需求，土地利用，公共空间，景观/绿化，城市舒适性，建筑物，建材，社会问题，成本

- 促进步行道和自行车道互联为高密度的网络，尽可能确保其与主要机动车道的相对独立，但又不至于过于孤立而引发安全问题。
- 将空间质量高、有丰富公众活动的公共场所和街道整合到非机动车网络中（可引导步行或骑自行车，便于社会管治）。
- 在社区尺度之上规划有吸引力的，快速自行车网络体系。
- 消除机动车交通的威胁和干扰。

- 为所有人到达交通网络和建筑物提供无障碍设施体系。——包括残疾人士和使用摇篮车、折叠式婴儿车或运输货物的居民。
- 为步行者提供有吸引力的配套设施——如沿主要道路布设的连续的遮风避雨设施（拱廊，通道，及有遮盖的人行道）和长椅/座椅，为骑自行车者提供相应的基础设施（如自行车停车和寄存设施，遮风避雨设施等）。

>在社区对外交通连接上优先考虑公共交通

>>又见：建成环境，土地需求，土地利用，公共空间，城市舒适性，建筑物，能源，社会问题，成本

- 将协调均衡的公共交通线和廊道纳入城市格局（邻近居民以便快速连接），在公共交通（优化）沿线布局新的社区。
- 发展综合公共交通系统（需求导向的运输服务、公交、轻轨、火车），为城市及区域提供交通网路，并在停靠站点和换乘站点处提供自行车服务设施。
- 优化公交站点间的距离，最大限度提高服务范围，并在新社区提供中心站点。
- 将站点分配到设施使用处，将使用设施配置到站点附近，确保大部分重要的公共设施位于交通车站附近。

通过交通管治措施来实现与环境相协调交通方式的转变

>>又见：土地利用，城市舒适性，慢行/公共交通，社会问题，成本

- 建立综合交通中心，全面提供有关当地公共交通和铁路系统的信息，包括时刻表和换乘选择方案（通勤服务平台、互联网平台），为多样化的交通需求提供全面的服务（如公交售票，针对需求的交通预订，提供停车、维修及租赁等服务的自行车站点，机动车共享和租赁系统，拼车机构）。
- 为车站里、车上和互联网上的乘客提供来自控制站的实时交通时刻表（到达、出发、中转和日程更改）。
- 为新家庭提供出行方案建议，可能包括对公共交通季票、汽车俱乐部等的介绍推广。
- 提供"通勤组合"，例如包括机动车共享服务、公共交通信息、降低成本的季票、低成本的送货上门服务、打折的出租车服务等。
- 组织意识提升活动，为规模较大的机构（如企业、学校等）员工和客户提供可持续性通勤组织以及私家车使用的相关建议。

个人机动车出行

>减少个人机动车交通流量和速度

>>又见：自然环境，建成环境，土地利用，公共空间，景观/绿化，城市舒适性，建筑物，能源，建材，社会问题，经济，成本

- 通过降速措施和适当的规章条例，来降低机动车交通的速度。
- 推行道路网络的等级体系（车道宽度、速度等），在低等级道路体系中降低机动车数量，最大限度地减少过境交通。
- 规划一定数量的无车或少车区，以体验不依赖机动车生活和通勤的所有优势。
- 最大限度地减少机动车交通的土地消耗（街道的长度和宽度，停车区域）。
- 促进机动车使用效率（例如，通过机动车共享或拼车机构）。
- 在特定区域仅限公交车通行（如城市或邻里中心）。

续表

>通过停车管理来减少机动车交通

>>又见：土地需求，土地利用，公共空间，城市舒适性，社会问题，经济，成本

- 减少停车空间的供给（即居所或工作场所单位面积停车空间的规定比例），特别在有良好公共交通服务可达性的中心区域；发展少车区和无车区。
- 通过在中心区域收缴停车费来控制停车空间需求，以减少该区域的机动车交通。
- 在公共区域最大限度减少停车空间，以降低私家车对公共空间品质的影响，减少停车空间造成的整体土地消耗（多层停车场、机械系统）。
- 将停车空间设置到距离居住区可接受范围内的公共停车场和街区停车场，而不是直接设置在住宅门口，甚至住宅内部（街区停车场的设置要考虑其与公共交通站点的距离）。

货物运输

>发展邻里物流和配送理念，尽量减少个人机动车物流需求

>>又见：土地需求，土地利用，城市舒适性，能源，社会问题，经济，成本

- 建立邻里物流系统（邻里物流/配送中心、购物箱等），包括统筹的家庭货物配送（也包括通过电子商务定购的产品）；使用混合动力交通工具（如以可再生能源或氢供能的电动车）。
- 在城市和建筑中，整合废物收集和储存设施（集装箱等）布局，以确保收集车辆的工作效率。
- 将有货物运输需求的设施设置在短距离城市物流可达的区域。
- 使用信息系统技术来优化配送、废物收集和建筑材料运输的路线。

>规划高效的建设物流

>>又见：城市舒适性，废弃物，建材

- 促进本地材料的使用，减少施工交通。
- 尽可能在场地内实现挖掘材料的再利用。
- 有效组织必需的施工交通（拆迁、运送、调配）。

7.2.1.4 能源和物质流

能源

>优化城市格局的能源效率

>>又见：自然环境，建成环境，土地需求，土地利用，公共空间，景观/绿化，城市舒适性，建筑物，成本

- 设计紧凑型聚居点和建筑物，降低表面积与体积的比率，以降低日照（下一项措施）和采光需求。
- 让城市格局更多暴露在日照下：有利于被动式供热/供冷和自然采光的建筑布局（利用建筑物朝阳，优化建筑物间距和高度比例来减少遮挡，设计可高效应用太阳能的屋顶）。
- 鼓励高密度发展以确保应用区域供热系统或热电联产厂的经济性。

>尽量减少建筑物的能源需求

>>又见：建成环境，土地需求，土地利用，公共空间，景观/绿化，城市舒适性，建筑物，成本

- 在新建和既有建筑物中应用高水平的隔热标准（低能耗建筑，被动式建筑）和紧凑型建筑设计（表面积与体积的低比率）来减少能量损失。
- 通过尽量增加被动式太阳能获取（即提高南侧窗户和玻璃墙的比例），来减少温带和寒冷气候环境下的取暖需求。

- 通过减少进入建筑物的太阳辐射（使用隔热防护设施，如遮光板、百叶窗等）和减少用电量（避免额外的室内产热量，即通过电脑、电器设备），来减少在炎热的气候环境下的供冷能源需求。
- 通过高效的照明系统、自然采光系统（反射镜、轻型搁架、导光管）减少电力需求。
- 通过使用节水装置来减少热水的消耗。
- 使用高效的通风系统（通风控制，余热回收，涵盖室内种植区的自然通风系统，不使用常规空调设备）。
- 使用高效的冷却系统（混凝土构件的冷却，地下管道，吸收式热泵，室内种植区，水元素，中庭和庭院）。

>最大限度地提高能源使用和供应效率

>>又见：建成环境，土地需求，土地利用，公共空间，城市舒适性，建筑物，慢行/公共交通，个人机动车出行，货物运输，成本

- 使用高效的供暖、通风和冷却设备以及由IT基础设施管理控制的电气设备。
- 在建筑物和公共空间里使用节能照明设备。
- 当供热需求可以确保余热有效利用时，优先使用短距离的街区热电联产（CHP）供热网络。

>优先考虑应用可再生能源进行供能

>>又见：自然环境，建成环境，土地需求，公共空间，景观/绿化，城市舒适性，建筑物，慢行/公共交通，个人机动车出行，经济，成本

- 将太阳能、生物质能和回收余热用于室内取暖/供冷及热水。
- 使用太阳能电池、风力发动机和/或生物质能进行热电联产。
- 在屋顶和外墙上为主动式太阳能系统预留空间。

水资源

>尽量减少初级水资源消耗

>>又见：自然环境，土地需求，景观/绿化，城市舒适性，建筑物，成本

- 在浴室、厕所、厨房使用节水型用水器具，并在适当情况下使用混合式厕所。
- 收集雨水用于冲厕、洗衣机、园艺浇灌、洗车等。
- 回收污水（所有家庭污水，不包括排泄物）用于冲厕、洗衣机、园艺浇灌、洗车等。
- 使用高效的绿地灌溉系统（最好使用耗水量低的植物）。

>最大限度地减少自然水循环的损失

>>又见：自然环境，建成环境，土地需求，公共空间，景观/绿化，城市舒适性，建筑物，成本

- 最大限度地提高城市土壤和路面的可渗透性（如停车和游乐区域、非正式的步行及自行车道等）。
- 在合适的情况下破除现有的不透水地表。
- 使用雨水滞留和渗透措施来实现雨洪管理，在考虑自然水流速的情况下保持自然水循环平衡，缓解污水处理厂压力（绿色屋顶、渗透性洼地和坑塘、排水沟、滞水池）。
- 避免污水（污染物）渗透到自然水循环系统（例如从面积的金属表面，如锌、铜屋顶和从交通密集使用区域）和/或使用过滤技术。
- 维持或恢复天然水域（池塘、湖泊、溪流和河道自然堤岸）。
- 使用雨水灌溉景观要素，为提高公共空间质量、提高城市的舒适度、普及水循环意识提供感官体验。
- 在适当情况下，利用湿地现场净化废水和污水（如芦苇污水处理法）。

续表

废弃物

>尽量减少废弃物产生量和处理量

>>又见：景观/绿化，城市舒适性，建筑物，货物运输，成本

- 通过在社区提供租赁和交换服务，促进商品和设备的共享（"分享而不是占有"）。
- 分类收集有价值的物品并提供临时贮存和收集服务，促进废弃物回收及再利用。
- 建设可在场地内处理生物废弃物的堆肥系统。
- 避免处置未经处理的废弃物，生产或处理对健康、福祉和环境有负面影响的废弃物。
- 减少待挖掘的土方量，现场利用已挖掘的土方量，以最大限度减少挖掘物的处理量（在施工阶段）。比如作为建筑材料（混凝土骨料、填充物）、景观美化材料、噪声堤防、覆盖材料、回填等。
- 尽可能进行建造/拆迁碎石的分类收集和回收利用（最好在现场）。

建筑材料

>尽量减少初级建筑材料的消耗和最大限度地提高材料的回收率

>>又见：自然环境，建成环境，土地需求，公共空间，建筑物，个人机动车出行，货物运输，成本

- 最大限度地再利用建筑物和建筑构件。
- 设计紧凑型住宅来取代独立式住宅。
- 通过减少硬质交通铺面（特别是用于机动交通的柏油路面），减少地下室面积，采用轻型建筑结构设计（如木材），尽量减少对建筑材料的需求。
- 使用回收的材料。
- 选择材料（考虑回收利用的设计）时要考虑建筑物建造、使用和拆解的不同阶段：最大限度提高可拆卸性（如使用螺丝，而不是胶水），材料的再利用性和可回收性（结构再利用的可能性有利于实现物料回收）；考虑暖通空调设备的逆向工程（建造服务、供应网络）。
- 引入建造详细目录（材料结算制度）：包含所有建筑材料的数量和质量（即成分）上的信息，以记录回收利用情况及可能存在的建筑污染物。

>最大限度地使用环保和无公害的建筑材料

>>又见：自然环境，公共空间，城市舒适性，建筑物，个人机动车出行，货物运输，经济，成本

- 使用本地材料。
- 使用耐用性强的材料。
- 最大限度进行建筑物材料的回收利用（如现场回收混凝土或建筑碎石）。
- 最大限度提高可再生材料（如木材结构、绝缘纸质颗粒）的使用。
- 避免有害物质（如PVC、溶剂、邻苯二甲酸盐）。
- 使用对初级和不可再生能源需求较低的建筑材料。

7.2.1.5 社会-经济

社会问题

>促进社会多样性和实现均衡的社会结构

>>又见：建成环境，慢行/公共交通，货物运输

- 在收入、年龄、文化背景和生活方式理念方面形成混合的人口结构。
- 为不同群体提供均衡、多样的住房类型（如单身、家庭、老人）和所有权模式（自购的公寓和租赁的公寓，包括补助型/保障性住房）。

- 不同类型项目（住房类型、目标用户群的类型）的规划过程差别很大，所以在规划初期应考虑社会多样性和社会融合问题。
- 保证市民、利益相关群体和使用者在项目的所有阶段参与决策工作。
- 通过在规划初期开展公众参与和建立住房合作社（在入住新社区之前增进与未来邻居之间的交流），增强新成员的认同感。

> 提供有良好可达性的社会和其他基础设施

>> 又见：自然环境，建成环境，土地需求，土地利用，公共空间，景观/绿化，城市舒适性，建筑物，慢行/公共交通，个人机动车出行

- 为大多数人提供在步行距离范围内（从公共交通站点）可达的社会服务（照顾儿童、老人和其他有需要人群的机构）和医疗保健服务（全科诊所、药店等）。
- 提供满足步行和骑自行车者日常生活需求的零售设施。

经济

> 采取措施鼓励商业和企业进驻

>> 又见：建成环境，土地需求，土地利用，公共空间，景观/绿化，城市舒适性，建筑物，慢行/公共交通，个人机动车出行，货物运输

- 利用区域和当地的经济实力来吸引商业和企业。
- 当选择业态时考虑现有的和新兴的区域企业集群。
- 研究为有意愿在本地区投资的中小型企业（SMEs）提供启动信贷资金的可能性（是否有当地的信贷机构，他们是否愿意提供贷款？）
- 准备有关产品和服务市场的针对性信息（例如，企业是否可以在该地区找到供应商和客户群，是否可以在落户地轻易地打开市场）。
- 支持适合密路网、混合使用结构的中小型企业。
- 通过提供良好的交通网络、信息和通信媒体的接入服务，来体现对"通信技术的潜力"的重视。

> 利用现有劳动力资源

>> 又见：自然环境，建成环境，土地利用，能源，建材

- 分析劳动力的优势和当地具体情况，包括不同技能水平的劳动力资源。
- 尽量鼓励居民在其居住地附近就业。
- 尽量鼓励已就业的职工在他们工作场所附近居住。
- 寻找有助于增加地区吸引力的特定教育机构（如大学）。

成本

> 争取长效的经济基础设施

>> 又见：自然环境，建成环境，土地需求，土地利用，公共空间，景观/绿化，建筑物，慢行/公共交通，个人机动车出行，货物运输，能源，水，废弃物，建材

- 考虑在规划区域以合理价格获取土地的可能性（比较该地区和其他地区的土地价格，分析不同地区对土地使用/购买的限制规定）。
- 考虑有关产权方面可能出现的问题（土地收购是否存在问题）。
- 考虑整合所有成本后的基础设施的生命周期成本模型（有许多初期投资成本高，后期运营成本及生命周期成本较低的生态措施）。
- 建立一个有足够密度的紧凑型城市形态，是吸引公交体系，零售体系建设的先决条件，也可以有效降低基础设施的成本。（平均分配到每人的能源和水供应网络的长度等）。

续表

- 寻求为生态基础设施融资的替代模式（即出售光电太阳能发电厂、绿色电力企业股份）。
- 考虑运营技术基础设施的承包模式［如经营热电联产厂（CHP）或木材能源供应设施的公司］。

> **提供廉价的居住、工作及非营利使用场所**

>> **又见：建成环境，土地需求，土地利用，公共空间，景观/绿化，建筑物，个人机动车出行，能源，水，废弃物，建材**

- 尽量减少建筑物的生命周期成本（建设、运营、回收、拆除）。
- 以紧凑型建筑物模式整合高密度社区，以降低建设成本和与之成比例的地块成本。
- 通过针对低价地块的特殊政策（如Städtebauliche Entwicklungsmaßnahme①，长期的地块租赁等）和低建设及出售成本，为社会群体提供廉价住房，使更多的群体成员获得住房所有权。
- 通过选择适当的建材、供暖、通风和空调系统、预制模块，以及适当的招投标程序，尽量减少建筑物的建造成本。
- 为降低住户开支创造条件（比如在无车区提供优质的替代交通模式；推广节能建筑等）。
- 为建立合作社创造有利条件（咨询、地块长期租赁的可选模式等）——这些团体一般获得比开发商更低的建设成本。
- 通过选择合适的材料、HVAC系统和建设服务，来尽量减少维护和运营成本。
- 提供半翻新的建筑物或新建筑物，它们不能直接使用，可作为满足非营利或低利润用途（即需要有未来使用者一定程度的投入）。

7.2.2 生态城市—相互关系的形象化

城市规划是一项复杂工作，需要规划者考虑要素间关联性和依存性。一个领域的变化，如密度，可以影响到许多其他领域，如交通需求、模式选择、城市气候和能源需求。在制定生态城市项目综合解决方案时，对这种复杂性的全局考虑显得更加重要。利用显示生态城市不同规划专项目标间相互关系的表格和图形，结合第6章中提出的规划技术和本章列出的表格，可以帮助克服这种复杂性。表7-2表明了"城市格局"和"交通"间的相互关系。表中每个有色单元格表示，为实现该行目标所采取的措施对该列中的目标实现产生影响。

第7.1.2节中提出的NetzWerkZeug工具也提供了显示城市发展领域和子领域间相互关系的图形。类似的结构可以用来展现五种生态城市规划要素目标间的相互关系。图7-3的例子是关于交通目标，即"优先考虑公共交通作为社区对外交通连接方式"。

---

① 这是德国的一项基于规划法的城市发展措施，在某些特定情况下出现。例如，它允许不受规划发展增值影响的强制土地购买和转售，以避免开发商的投机活动和暴利经营，并支持价格合理的优质房屋的出售及租赁。

表7-2

城市格局和交通体系在目标层面的关联性

城市格局和交通体系在目标层面的关联矩阵		交通体系							
		慢行交通/公共交通模式				个人机动车出行模式		货物运输模式	
		尽量减少活动节点之间的距离（时间和空间上）以减少出行需求	优先考虑以步行和慢行体系作为社区内部交通方式	优先考虑公共交通体系作为社区对外连接的交通方式	通过交通管理措施以支持向环境相协调交通方式的转变	减少私家车机动交通容量和速度	通过停车管理减少机动交通方式	倡导邻里物流和配送理念以减少单个物流的需要	规划高效的建筑施工物流
城市格局	土地需求	增加土地和建筑物的再利用以减少对土地和新建建筑物的需求							
		发展合理的高密度城市空间结构							
	土地利用	保持居住、就业、教育、服务业（商品和服务）和社会、娱乐设施用地间的平衡							
		在建筑物、街区或邻里层面实现建筑密路网、功能混合利用空间格局							
	公共空间	为日常生活提供有吸引力和宜居的公共空间							
		考虑公共空间格局的宜居性、易辨识性和连通性							
		为日常生活提供有吸引力和宜居的公共空间							
	城市舒适度	营造日常、季度和年度水平的室外高舒适性							
		尽量减少噪声和空气污染							
	建筑物	在建筑物全生命周期内最大限度地提高室内舒适度和资源节约的保护							
		规划灵活的、融入式的无障碍的建筑物							

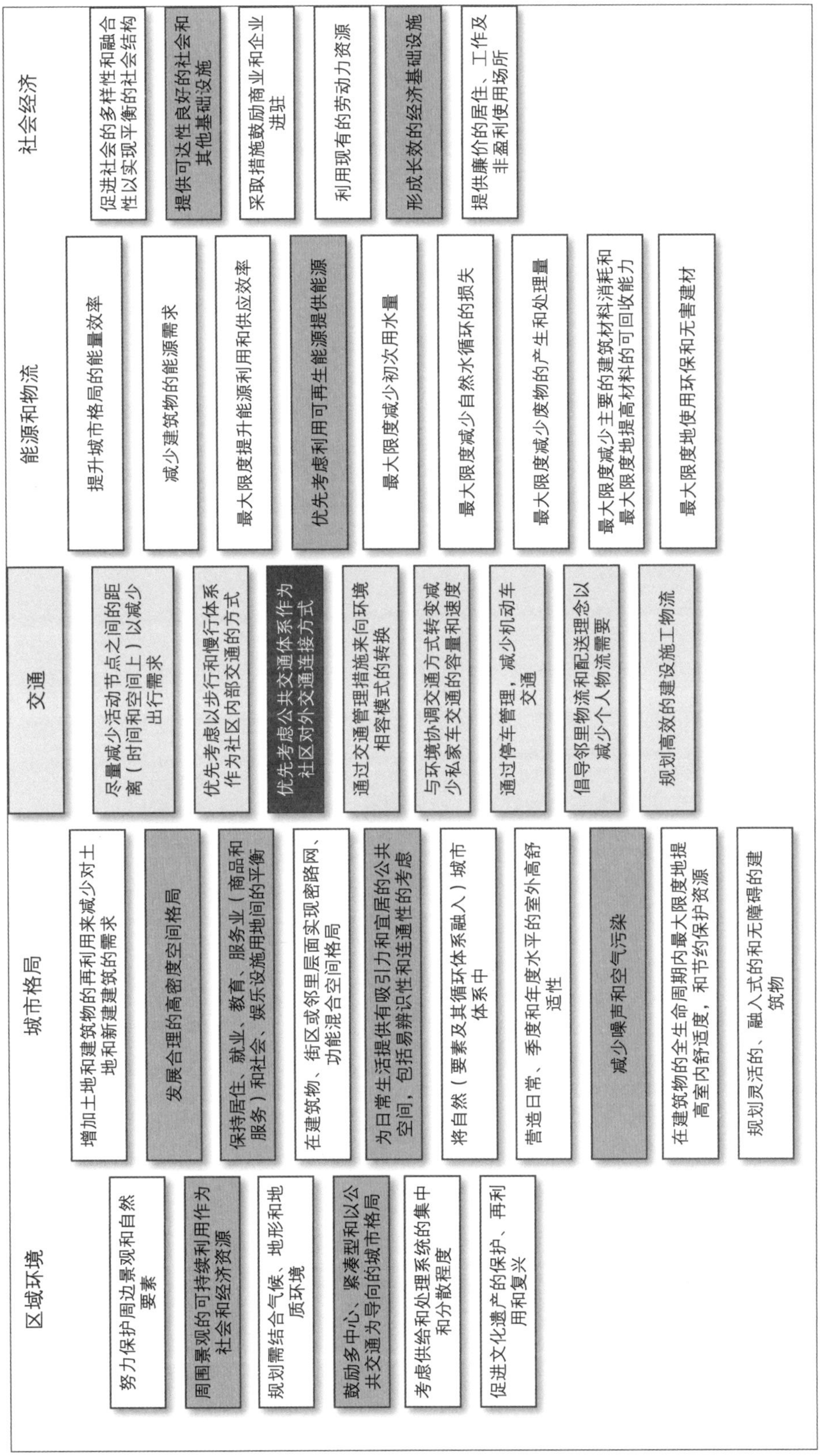

图7-3

"优先考虑公共交通体系作为社区对外交通联系方式"目标（深绿色标记）与城市规划其他要素的目标（亮绿色标记）的关联性

区域环境
- 努力保护周边景观和自然要素
- 周围景观的可持续利用作为社会和经济资源
- 规划需结合气候、地形和地质环境
- 鼓励多中心、紧凑型和以公共交通为导向的城市格局
- 考虑供给和处理系统的集中和分散程度
- 促进文化遗产的保护、再利用和复兴

城市格局
- 增加土地和建筑物的再利用来减少对土地和新建建地的需求
- 发展合理的高密度空间格局
- 保持居住、就业、教育、服务业（商品和服务）和社会、娱乐设施用地间的平衡
- 在建筑物、街区或邻里层面实现密路网、功能混合空间格局
- 为日常生活提供有吸引力和宜居的公共空间，包括易辨识性和连通性的考虑
- 将自然（要素及其循环体系融入）城市体系中
- 营造日常、季度和年度水平的室外高舒适性
- 减少噪声和空气污染
- 在建筑物的全生命周期内最大限度地提高室内舒适度，和节约保护资源
- 规划灵活的、融入式的和无障碍的建筑物

交通
- 尽量减少活动节点之间的距离（时间和空间上）以减少出行需求
- 优先考虑以步行和慢行体系作为社区内部交通的方式
- 优先考虑公共交通体系为社区对外交通连接方式
- 通过交通管理措施来向环境相容模式的转换
- 与环境协调交通方式变换减少私家车交通量的容量和速度
- 通过停车管理，减少个人机动车交通
- 倡导邻里物流和配送理念以减少个人物流需要
- 规划高效的建设施工物流

能源和物流
- 提升城市格局的能量效率
- 减少建筑物的能源需求
- 最大限度提升能源利用和供应效率
- 优先考虑利用可再生能源提供能源
- 最大限度减少初次用水量
- 最大限度减少自然水循环的损失
- 最大限度减少废物的产生和处理量
- 最大限度减少主要的建筑材料消耗和最大限度提高材料的可回收能力
- 最大限度地使用环保和无害建材

社会经济
- 促进社会的多样性和融合性以实现平衡的社会结构
- 提供可达性良好的社会和其他基础设施
- 采取措施鼓励商业和企业进驻
- 利用现有的劳动力资源
- 形成长效的经济基础设施
- 提供廉价的居住、工作及非盈利使用场所

7.2.3 生态城市—自评估表

虽然生态城市规划过程的各环节均可利用目标和相关措施清单（第7.2.1节），但是自评估表作为一种规划工具，能帮助项目团队评估其概念方案是否符合生态城市原则（第4章）和目标（第2章、第4节）。尽管如此，这种评估应在仍可以做出重要变化的阶段内完成。这个过程可以重复进行，以评估并记录所取得的进展。

将生态城市的要求制定为关于城市规划主要元素的问题，要求团队在他们的解决方案里考虑生态城市要求和城市规划的重要课题。这些问题应在整个项目团队共同参与的会议上来解答。如果实际情况不允许，那么参加会议的成员至少应来自不同的规划部门。生态城市的列表（见第7.2.1节）可协助这一进程。这些问题的答案也应该用来确定在生态城市背景中仍需要改善的领域和课题。

除了内部自评估外，这些问题的答案也可以为外部专家和准备生态城市质量研讨会提供基本信息（第6.6章）。为充分利用这个工具，所有的问题都必须回答，并描述有关的解决方案和措施（包括解释为什么他们适合生态城市）。

7.2.3.1　区域和城市环境

问题1：社区如何融入自然和建成环境？
　　　　考虑周边景观的保护、绿地或棕地的开发、多中心和紧凑的城市格局、中心城区发展、公共交通发展轴、文化遗产及现有结构的整合。
>列出有关区域和城市环境的开放问题和所需信息。

7.2.3.2　城市格局

问题2：如何降低土地消耗？
　　　　考虑绿地或棕地开发、高密度和紧凑的建筑类型。
问题3：如何让城市格局适宜步行和骑车？
　　　　考虑高品质、高密度和紧凑的建筑类型、土地混合利用、日常生活设施的可达性、公共空间和道路网络。
问题4：怎样使城市格局适宜建设公共交通体系？
　　　　考虑区域范围内的地理位置（与市域和区域级交通网络的连接性）、公共交通网络与社区网络的整合、公共交通站点周围的高密度开发。

问题5：如何通过城市设计实现宜居城市，提升居民健康、安全和幸福水平？

考虑地方特色、公共空间、传统居住格局和现代的审美理念、景观和绿地、生物气候和环境舒适度。

>列出有关城市格局的开放问题和所需信息。

7.2.3.3 交通

问题6：将哪种交通方式整合到公共交通系统中？

考虑铁路、电车和轻轨、跨区和本地公交车、与现有路网的整合、满足交通需求的基础设施的提供、软性措施（例如公共关系、交通管理——例如信息中心和活动、完善的通勤模式组合等）。

问题7：慢行交通如何与公交站点接驳？

考虑行人和骑车人的需求。

问题8：机动车交通的作用是什么？

考虑分级：机动车限速（降低速度，更多的非机动车空间格局）、限制机动车出行（减少停车空间，限制私家车，没有直达的道路）和禁止使用机动车（大大减少停车空间，禁止私家车，行人和骑车出行优先）

问题9：哪些措施有利于促进货物和服务的高效流通？

考虑邻里内部物流、废物循环利用理念和建设物流。

>列出有关交通运输的开放问题和所需信息。

7.2.3.4 能源和物质流

问题10：什么使城市格局和建筑标准能源高效化？

考虑太阳能导向的城市格局、建筑类型的紧凑和高密度（适用于区域供热网络）以及低能耗的建筑物、被动房、供冷需求低或没有供冷需求的建筑物。

问题11：能源供应是否以高效的方式来组织并建立在可再生能源基础上？

考虑区域供热网络、热电联产（CHP）电厂、地热交换系统、自然和机械通风系统、高效的供冷系统、热能回收以及太阳能、生物质能和风力发电。

问题12：规划如何有利于水资源的可持续利用？

考虑饮用水的家庭和商业用途、雨水管理及污水处理。

问题13：在规划方案编制、建设实施和拆除过程，采取了什么可持续使用材料的措施？

考虑最大限度地减少材料需求，使用环保、无害材料（合格的木材、用本地材料烧制的砖块、可回收材料等）。

问题14：废弃物管理的理念是什么？

考虑土壤管理、垃圾分类、现场或场外的回收再利用。

>列出有关能源和物质流的开放问题和所需信息。

7.2.3.5　社会—经济

问题15：在社会层面提出哪些目标和策略？

考虑多样化的人口结构，使用权的混合，社会基础设施，如邻里中心、幼儿园、学校、福利养老院等的提供。

问题16：在经济层面提出哪些目标和策略？

考虑混合商业用途和设施、远程办公、公共/私人合作关系、弱势群体的就业等。

>列出有关社会经济的开放问题和所需信息。

7.2.3.6　进程

问题17：如何组织一次公正综合的公众参与？

考虑社会各界的合作、不同利益团体的参与、所有相关领域的讨论、适当信息的提供、公众参与和活动的时间选择，以及对最终结果的影响。

问题18：综合规划过程的实现程度？

考虑致力城市可持续发展的所有相关部门的参与（规划师和专家，以及管理部门）、团队内的合作，专项规划的概念合理地整合到总体规划，充分利用规划技术（如情景规划法，特别优化程序）。

7.2.4　生态城市—评价方案

目前仍没有一个适用于整个欧洲的可持续发展前置评估（即实施前）与审查方法。生态城市评价方案是首次开发的应用于城市总体规划阶段的综合性可持续性评估工具。该工具可用于规划过程的内部自评估或给政府相关公众展示规划成果时的评估。该评价展示了居住区规划方案对不同要素生态城市目标的实现程度。该工具（见下文）设定的核心指标，不仅可以用于总体规划，也可以应用于各类后续规划阶段，并可考虑引入其他指标共同评估。

评估的重点在于城市格局和交通，因为这两个领域是生态城市项目的重点对象。由于没有相关的方法和参考值可借鉴，一些创新指标和大部分基准都是在没有考虑项目背景的情况下全新设定的。这个方法是第一次应用于生态城市项目中，因此有待于进一步改善和巩固。

以下内容介绍评估方案，但没有说明全部细节。有关详细指标和其计算方法，以及指标相关基准的进一步信息可以从项目网站上获得：www.ecocityprojects.net。

7.2.4.1　生态城市评价方案的结构

评价方案的主要原则是将生态城市的总体发展目标通过标准、指标和基准与生态城市具体目标（见第7.2.1节）相关联。一项指标表明（表征）为实现可持续发展目标规划方案可实现的特征或属性（标准）的状况。将指标值与给定基准值进行比较，可以相对说明：与传统规划相比，该指标是否有所提高及其提高的幅度与水平（见表7-3及表7-4）。

术语	目标	标准	指标	基准
定义	生态城市总体目标和专项目标明确了城市可持续发展的方向或特征	用于评价或决定（评估）的居住区特征或属性	表征情况的定性或定量方面的标准	帮助确定（生态）改进的参考价值
同义词	目标、目的	特定水平或特征、与属性	指数、仪表、用于监测的仪器、参考文献、衡量指针、计量器、刻度盘，（统计）值	参照，方法

表7-3
评价方案的术语定义和同义词

7.2.4.2　标准和指标

总体而言，该评价方案包括20个核心标准和34个相关指标。大约三分之二的指标是定量指标，其余是定性指标。之所以采用定性定量相结合指标体系，一方面是因为定量指标可以更公正，而定性指标可使特定标准可以被评价，比如社会基础设施很难或无法进行有效定量评估。此外，为了衡量没有被指标体系覆盖的领域（参见生态城市网站上的详细信息）我们分析了生态城市项目中每个标准的优势和弱势。表7-4列出了评价方法的标准和指标。

表7-4
生态城市评估方案
选定或制定的标准
和指标

标准		指标
环境背景	地理区位	提供基本的城市基础设施——具有满足基本需求的可能，吸引力和可达性 处理土地需求——棕地比例、规划区中心城区和绿地开发面积的比例
	建筑密度	面积密度——单位土地面积上的建筑面积
城市格局	混合使用	混合使用区的比例——居住及非居住混合用途的楼面面积比例 基础设施的可达性——毗邻零售店；幼儿园；小学；酒吧
	公共空间的大小和质量	快乐指数——潜在的娱乐性公共场所的数量 公共空间的质量——宜居（生动的建筑立面+功能多样性），交通方便，易辨识性，安全性，连通性，城市的舒适性
	园林景观的可达性与质量	绿地可达性——居住在公共绿地附近的居民比例 室外空间的生态质量——例如人工植被，修剪或未修剪的草坪，树木，永久/临时水体，屋顶和外墙绿化
交通运输	个人出行基础设施	为减少机动车交通推出的交通理念情况 工作日人均道路网络长度 工作日人均自行车道网络长度
	公共交通的可达性	公共交通覆盖率——公共交通站点300米或150米半径范围内楼面面积的比例
	无噪声交通沿线的噪声	白天交通噪声污染 夜间交通噪声污染 噪声超标区的居民比例
	停车空间的供给	公共交通与私家车的可达性
能源流通	能源需求	年均能源需求——用于加热、供冷和其他用途 单位楼面面积的能源峰值需求
	能源效率	空间格局的紧凑度 太阳能建筑物比例 保温隔热水平
	温室气体排放	可再生能源的比例 每兆瓦时的全球变暖潜在可能——非可再生能源产生的二氧化碳当量
物质流	建筑材料	减少使用建筑材料需求 可再生、可回收和/或本地出产建材
	土方移动	现场土方回收利用的比例
	水资源管理	水资源管理理念——减少初级用水量的措施
社会经济问题	社会基础设施及混合功能	社会基础设施指标——社会机构的数量及运营状况；促进社会多样性和社会融合的措施
	经济基础设施	经济基础设施指数——本地经济发展规划的质量
	劳动力相关问题	劳动力相关问题指标——工作岗位的数量和多样性，（针对社会融合和经济背景）
	营利能力	营利指标——成本/收益率
过程	综合规划	多学科规划团队——学科和机构的整合 循环研究过程——优化循环的数量 情景规划——情景模式的数量和内容
	社区参与	社区参与指数——参与过程的质量

对于一些标准而言，一些特定领域是否只可以用一些标准来衡量，还是可以通过其他一些相关联标准共同评估。比如，超高密度会导致城市格局或品质下降，但是绿化区域或公共空间的指标反而会提高。需要明确的是，可以通过一组不同的指标来合理评估示范项目，但没必要通过一个标准或指标来表征整个生态城市规划项目。

7.2.4.3 基准

指标评估通过与确定的基准值进行比较完成。针对所有指标，评估结果都将被赋予A（最好）和E（最差）之间的一个分数。如果指标达到基准值——正常的情况——将赋予D。如果指标优于基准，那么将获得分数A、B或C，这表明比正常情况有所改进。分数E表示指标还没有达到通常水平。

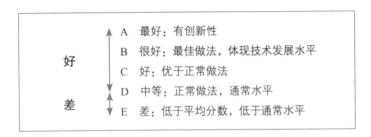

基准的设置，为在整个欧洲范围内进行比较评估，阐明生态城市总体目标的实现程度提供了必不可少的条件。但除此之外，即使没有达到欧洲生态城市最佳实践的基准，也应评估与地方/国家通常水平比较的评分结果。这需要额外的关于评分体系、本地参考的相关信息，或基于当地基准的补充性评估。

7.2.4.4 结果的展示

生态城市评价提供了两种结果类型：

- 城市规划问题的评估：展示关于每个标准和每个规划领域的成果——用于对规划师和专家的评估。
- 生态城市整体目标的成就：展示可持续发展三个维度上的成果——对政府人员、投资者和公众有助益。

生态城市的评价结果可以通过柱状图或蛛网图加以形象化表示。蛛网图说明了每个彩色格标注的标准的发展程度，如图7-4所示。

因此，生态城市评估方案是一个在总体规划阶段上评估项目可持续发展潜力的有效工具。结果可用于：

- 对项目可持续性的典型特征进行形象化描述，

图7-4
城市规划标准的评
价指南（案例：蒂
宾根）

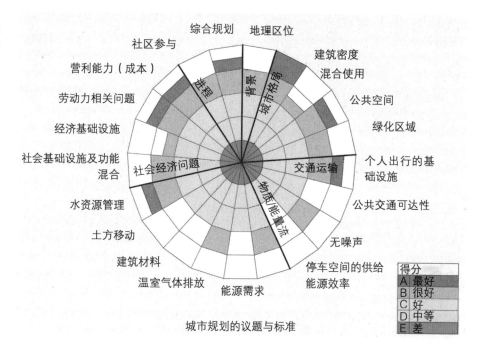

图7-4
城市规划标准的评价指南（案例：蒂宾根）

城市规划的议题与标准

- 指明一个项目的优势和弱势，
- 提供管理信息以帮助决策，
- 明确后续规划阶段的工作任务（结合生态城市清单，第7.2.1节）
- 协助确定最佳方案。

这种评估被认为是规划过程阶段的缩影。为了建立审核和质量保证体系，在项目规划、实施、管理和维护阶段，必须进行持续的定期评估和监测。这可以通过在项目各阶段应用生态城市评估方案来进行评估。

评估方案在生态城市规划和生态城市发展概念中的应用，表明该标准最适合于评估城市形态规划的质量（如合理的高密度或年均供热和制冷的能源需求）。但是，那些受未来居民和使用者行为影响的指标目前难以准确估量。交通方式类型及其产生的二氧化碳排放量和社会经济影响——评价生态城市对自然和社会环境影响的一些最重要的标准——只能被预先粗略地估计。这种评价方法仍然是一个有用的探索，可以更明确地发现有疑问的议题。

第8章 生态城市典型案例

第2章所提出的生态城市的愿景和目标非常宏伟，它们对以后城市的发展方向设定了标准，描述了理想状态。生态城市项目的示范居住区，符合这些标准的程度不同，但都有其特定的优势，并描述了迈向生态城市可采取的步骤。以下各节中将会介绍奥地利的巴特伊施尔（Bad Ischl）、西班牙的巴塞罗那（Barcelona）、匈牙利杰尔（Győr），芬兰的坦佩雷-维累斯（Tampere-Vuores）、斯洛伐克的特尔纳瓦（Trnava）、德国的蒂宾根大学（Tübingen）和意大利的温贝尔蒂德（Umbertide）等各种示范居住区案例。

生态城市项目的主要工作是为位于奥地利、西班牙、匈牙利、芬兰、斯洛伐克、德国和意大利的七个示范住区进行规划。下表列出了这些示范项目的基本信息，包括项目地点、类型（新建、改扩建等）、规划区面积、总建筑面积和新增人口数量。公司员工、中小学生、大学生等不包括在城市规划人口数量内。本章将详细介绍这些示范住区项目，以便为实际从事生态城市规划的读者参考。

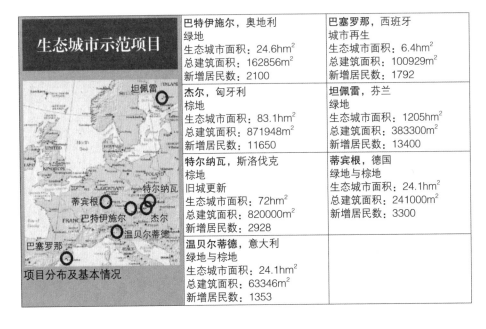

表8-1
生态城示范住区的位置和主要特征

巴特伊施尔，奥地利 绿地 生态城市面积：24.6hm² 总建筑面积：162856m² 新增居民数：2100	巴塞罗那，西班牙 城市再生 生态城市面积：6.4hm² 总建筑面积：100929m² 新增居民数：1792
杰尔，匈牙利 棕地 生态城市面积：83.1hm² 总建筑面积：871948m² 新增居民数：11650	坦佩雷，芬兰 绿地 生态城市面积：1205hm² 总建筑面积：383300m² 新增居民数：13400
特尔纳瓦，斯洛伐克 棕地 旧城更新 生态城市面积：72hm² 总建筑面积：820000m² 新增居民数：2928	蒂宾根，德国 绿地与棕地 生态城市面积：24.1hm² 总建筑面积：241000m² 新增居民数：3300
温贝尔蒂德，意大利 绿地与棕地 生态城市面积：24.1hm² 总建筑面积：63346m² 新增居民数：1353	

8.1 巴特伊施尔生态城

8.1.1 概述

巴特伊施尔坐落在奥地利中部，也是萨尔茨卡默古特（Salzkammergut）

地区的中心，包括奥地利州（Oberosterreich）、萨尔茨堡州（Salzburg）和施泰尔马克州（Steiermark）的部分地区。巴特伊施尔的社区由许多大小不同的居住区组成。整个城镇在1869年第一次人口普查时就存在。自1971年以来居民人数逐渐增长，2001年刚刚超过14000人。

图8-1
沿着公共交通轴线
性发展的城市

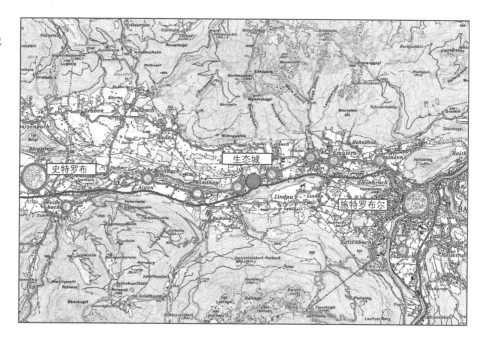

奥地利生态城的一部分项目打算通过集中式居住区的发展（尤其是在小城镇周围地区）来遏制（市区）蔓延的总体趋势，为发展公共交通提供更好的条件。项目将在生态城市地区轻轨站周边进行集中建设，然后一步步拓展到规划公共交通线路的所有站点（从而也会扩大到整个现有社区）。这个项目将会关注居住和工作的比例平衡，从而促进乘客的均衡分布。

8.1.2　项目介绍

根据项目的山谷地形特征，场地选址是要促进巴特伊施尔中心镇以及邻近的施特罗布尔（Strobl）和圣沃尔夫冈（St. Wolfgang）社区的轴向发展，也希望通过该项目来提升公共交通的需求和可能性。项目面积是24.6hm^2，计划吸引大约2100名新居民（参见表8-1）。

规划范围内包含以下元素（具体数据详见表8-2）：

第1部分：生态城市次中心（Robinson）是该项目的主要组成部分；该区域将为新居民和没有达到供给要求的邻近地区居民提供日常所需的基础设施服务。

生态城市次中心的步行距离范围内还将有其他两个开发项目：

第2部分：生态城市轻型工业区（Aschau/Ramsau）是一个小型区域，它将进行单功能发展（但同时与生态城市次中心进行合作交流）。在现有几个企业的基础上，增加新的中小型工业企业（新企业最好有一种生态兼容并包的观点）。

第3部分：填入式发展的"纽尔区域"（Krenlehner Siedlung）是一个很小的地区，借助于增加高密度-低层建筑的小型居住区来提高"蔓延"居住区的密度。

表8-2
巴特伊施尔生态城
项目参数开发

参数名称	参数值			
规划面积	第1部分	第2部分	第3部分	总计
居民数量	1,970 *)	0	130	2,100 *)
住宅数量	790 *)	0	50	840*)
工作数量	560 *)	690	0	1250 *)
土地总面积（项目区）	166.755m²	62,570m²	16,950m²	246,275m²
建成区面积	82,915m²	53,595m²	11,165m²	147,675m²
绿地面积（仅公共）	53,435m²	2,635m²	2,470m²	58,540m²

＊不含旅馆和招待所（280个）

城市格局

生态城市区域计划在一个多功能核心区周围进行建设，即在轻轨站周围300m半径内。一个合理的密度（次中心的总建筑面积比率[①]为：0.73）是通过轨道站点周围密度最大的多层民用和商用建筑来实现的。为了达到视觉上的和谐，在巴特伊施尔市历史中心区最高建筑（3～4层）向边缘逐渐降低到2层的房屋。

在中心城区，建设中心主轴的目的是为了给道路网附近的大型居住区提供能够快速到达中心区服务设施的通道。南北向主轴提供了建筑物最佳的主动和被动利用太阳能的位置（太阳能建筑）。这也改善了山顶的景观（占主导地位的景观特征），同时也可以更加方便地到达北部和南部的森林和草地。

住宅区布局在远离南侧对外交通线路的地方（以尽量减少噪声和污染的干扰），紧邻大片绿地。沿着主要街道成排布局的3到4层建筑为行人提供休憩场所和不同功能的空间（建筑的功能混合使用），创造了高品质的城市环境，并确保保持合理的密度。

---

① 每平方米建筑面积上的楼面积。

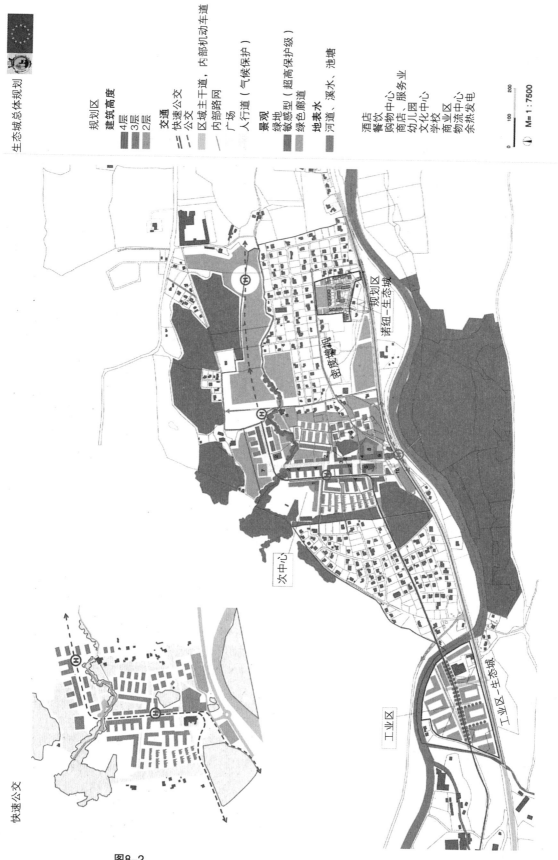

生态城总体规划

规划区

建筑高度
4层
3层
2层

交通
快速公交
区域主干道，内部机动车道
内部路网
广场
人行道（气候保护）

景观
绿地
敏感型（超高保护级）
绿色廊道

地表水
河道、溪水、池塘

酒店
餐饮
购物中心
商店，服务业
幼儿园
文化中心
学校
商业区
物流中心
余热发电

M= 1 : 7500

规划区

诺纽—生态城

密度墙机

次中心

工业区—生态城

工业区

快速公交

图8-2
巴特伊施尔总体规划

虽然在景观分析中，整合居住区与景观绿地被认为是敏感的，但也尽可能的予以保留。一方面是因为可以绿色廊道连接邻近的居住区，另一部分是因为穿过规划区域的溪流植被引入新建城市空间中。

根据人口发展潜力并且考虑到周围街区的现有设施来规划购物、就业和社会设施以保持平衡混合使用。这样做的目的是避免镇中心基础设施的负面影响。基础设施的空间分布由商品供应的最好可能情况和使用者的可达性决定，并根据使用频率来调整：

- 对运送或收集大量货物或重物有较大需求的设施往往布置在主要区域道路附近以便提供运送交通的最短可达距离，使货车与居民区保持一定距离。与此同时，他们也会与生态城市相对接近，以便保证实现短距离的内部配送。
- 轻工业区占地面积较大，不适合布置在生态城市次中心的小型建筑分布区中。
- 需要良好的货物运输需求和方便使用者到达的商店都坐落在中央沿主轴线的位置，以便实现所有居民的最短距离均匀分布和捆绑运送。
- 咖啡馆、餐馆、教育和文化设施以及商业、社会和医疗服务，也都沿主轴线布设。福利院布设在中心区附近的宁静区域，并且周围有大片绿地。
- 办公室也沿主轴线布局，一般是在二楼（步行区域）或地面部分（北部）。

这个项目提出的一个理念是"服务点"，这些小型的公共服务设施非常突出，并容易识别（如公交站）。它们包括公共厕所、公用电话、饮水机、信息点（地方地图，指示牌，信息板或信息屏和公交时间表等），这些对会议指向也有益处。

种类繁多的绿地是非常重要的休闲游憩设施：

- 公共公园：公共绿地（"城市森林"，沿河岸的绿色植物，东部和西部的绿色廊道）为日光浴、野餐、青少年的冒险乐园和老年市民独立、遮蔽的座位休息区提供了场所。
- 街道和广场绿地（林荫大道，不同类型的道路有不同类型的树种）。
- 住宅建筑庭院中的半公共绿地（综合儿童游乐场，针对不同的庭院有不同特性的植物）。
- 私家花园（毗邻排屋和其他低层高密度的建筑）。
- 纳入建筑结构的私人绿地（凉廊、阳台和屋顶花园）。

居民应负责设计并种植住宅的绿色空间，以此来培养自然导向的居住

图8-3
绿地区域

环境意识。总体而言，绿色元素与水景设计是互为补充的，如溪流通过的小池塘和广场上的喷泉。

精心设计的空间和建筑类型共同创造了多样、优美的环境。公共空间由精心设计的广场、各类街道和各种功能的绿色空间构成的网络。为了鼓励建筑形态、颜色和材料的多样化，避免过长、单调的街道景观（尤其是在多层建筑地区），生态城市中心区街道沿线的地块被划分为几个地块，由不同的建筑师设计。

与过境道路并行流动的Ischl河是主要的通风廊道，吹散、降低了山谷中的交通污染。为了对生态城市发展提供必要的保护，消减这条路上产生的噪声，通过利用现有的树篱、噪声墙、多层停车场和增加了环绕植被的现有森林区域共同实现。

交通

与1992年相比，巴特伊施尔2001年个人机动交通工具分担率增加显著（从50%至58.3%），同时步行者和骑车者比例下降，前者从30%降至22.9%，后者从9.9%降到8.8%。公共交通工具所占比例略微上升（9.5%至9.9%），这可能是城市巴士路线的实施所引起的。生活和工作在巴特伊施尔的劳动人口的比例是72.2%，因此乘客数量相对较低。

为了提高可持续交通的使用比例，一体化的公共交通系统已经在规划中。该系统包括区域铁路，高品质的本地公共交通，区域和地方巴士以及需求响应的交通服务。本地公共交通（轻轨、电车或其他大众交通工具的新技术）将连接生态城市和巴特伊施尔市中心和Wolfgangsee湖。直到这一联系（在初始实施阶段）实现，生态城市才能实现和巴特伊施尔市中心以及其他地区的公交线路连接。已覆盖全区域的需求响应交通服务（固定路线的士）也将得到改善。

内部道路系统是不受栅栏和私家车影响的（只允许送货或其他紧急服务进入）。此外，行人和自行车道都融入了周围居住区的现有网络中。出于天气原因的保护，主要的人行道网络已经被规划成屋顶通道（在购物和服务设施的中心区域），商场（沿主轴的其余部分）和屋顶人行道。

图8-4
主要街道的天气预防

在住宅或商业建筑（地下室）中提供了自行车停车区，广场上提供了自行车存取支架或自行车亭。

汽车共享系统也可给服务于想住在生态城市但没有私家车的人，这些车辆（以及那些属于游客的）将停放在对外交通附近的车库中。

工业区规划建设一个物流区作为生态城市的货物集散点和内部交通系统的中心枢纽。它有为生态城市居民运送货物的多用途购物/运输手推车，也可以将货物储存在这里，方便的时候提取的密码箱设施。大型货物将被直接运送。

能源供应和物质流

当生态城市选址在植被丰富的山区，生物质能可从周边地区的几个锯木厂以及其他来源提供。因此对于生态城市来说，供热和可能的电力供应是非常有吸引力的选择。在位于东西向河谷地区的站点，非常适合利用太阳能——仅在12月的大部分时间阳光是会被山挡住的。生态城市拥有几个供热和热传递体系可供选择。一是中央生物质能加热站和可能带有天然气高峰负荷锅炉的区域供暖网络。另一种选择是适合夏季负荷的中央燃气热电联产和能源（CHP）站，冬天有额外生物质能锅炉以分布式系统满足被动式房屋的供暖。

对于物流，正在规划两套措施。首先，可持续的水资源利用规划了分散的雨水管理（包括非饮用水用途的屋顶绿化和雨水储存罐）和半渗透的路面以及渗透系统的溢出设施（渗透区，透水排水沟和渗透池）。其次，建立促进建筑材料再利用的"材料统计系统"（库存），列出组装的建筑材料数量和质量的数据库。挖出的泥土将在场地内重新使用，如用来美化景观等。

社会—经济

为了提升生态城市的经济基础设施，要有足够的场地为本地居民、各种办公室和小公司提供设施（与居住区兼容）。这提供了与生态城市人力资源相平衡的大量工作岗位。示范居住区模式也是巴特伊施尔和地区生态旅游的一个额外的吸引力。

当规划建设巴特伊施尔生态城时，社会目标作为一个指导原则，包括均衡社会结构（教育、年龄、收入、种族和性别方面），与当地居民人口情况和社会的新趋势一致。这些目标包含性别和生活方式敏感性规划（促进可持续的生活方式），也包含有利于创建活力社区的多样性住房和空间结构，承担共同任务的居民自治和促进沟通的社交网络。一些不同的措施用以实现这一目标。住房和其他设施，提供给不同的几代人、社会和种族群体（包括创新和方便的社会基础设施）。此外，混合财产所有权和租赁也是可接受的（租赁，租购协议和自用，以及Baugruppen——有着特定的生活方式和住房的概念的未来楼宇业主团体）。

公众参与一直是生态城市的一个重要方面。公众参与的过程从项目目标设定过程就可开始，这也有助于找到对参与规划过程有兴趣的人。然而，这个进程因政治问题无法继续。与当地开发商和房地产专家合作开发实施的营销策略，包括找到合适的土地和未来的居民。在基础设施成本初步估算的融资方案中，建议土地增加值要做出相应贡献，可降低当地政府对基础设施额外的预算。但由于政治和土地私有制带来的可利用性问题，导致迄今为止实施有一定制约。

8.1.3 项目成果—关键要素

实现生态城市的关键要素：

关键要素1	关键要素2	关键要素3
高密度、混合使用次中心，公交导向的区位，集中的轴向发展。	以人为本的公共空间设计，提供无障碍的道路和广场网络，机动车交通设置在居民区边缘。	整合受保护的自然绿地系统和居民区中新设计的绿色空间。

为了展示生态城市规划的成效，下表列出了城市扩张模式和生态城市建设模式的基本数据对比情况。

扩张模式		生态城市
152	住宅单位	790
34000m^2	住宅的楼面面积	79260m^2
0m^2	其他设施的总楼面面积	42300m^2
62m^2	人均建筑面积	32m^2
102m^2	人均街道面积	25m^2
0~5m^2	人均绿地面积	29m^2
3304	人均私人绿地	38m^2

表8-3
蔓延条件和生态城市的对比

8.2 巴塞罗那特里尼特诺瓦生态城

8.2.1 概述

这个案例研究的是巴塞罗那（Barcelona）东北郊的一个重建计划。这个计划所在的郊区毗邻Collserola山脉，位于 Besós河上游，这里曾经拥有891个社会住宅区，但已经分几个阶段被破坏，并被1045个新住宅所代替。这个过程始于1995年，一个由当地居民发起的被称作"参与性社区"的计划。当地居民还鼓动当地政府（城市和地区政府）参与到制定创新可持续纲要中。经过两年的参与性设计进程，生态居民区重建计划的总体规划设计在2002年3月被正式批准。在2003年，由市政府筹资的部分可持续性研究开始进行，并精心调整之后的阶段，使之与先前生态指导方针相一致。以"生态居民区特里尼特诺瓦 Trinitat Nova"为名，这些研究通过生态城市项目综合形成了一个全面可持续规划方案。现今面临的问题是，在公民参与和将规划推广到其他地区的基础上，如何在接下来的过程中保持足够的信息反馈。

这个案例在进展过程中的几个特征主要表现为：

1. 居民的参与，自我授权和社区的自主性。
2. 城市土地的再利用（棕地）以及现有格局的提升。
3. 在密集的地中海城市区原有的城市肌理的重建。
4. 通过在公共交通中的投资，集中形成一个早期出现过的外围地区。
5. 城市资源中心—外围的平衡。

8.2.2 项目介绍

特里尼特诺瓦是巴塞罗那一个处于城镇边缘地区的社会居住区，始建于20世纪50年代，主要接纳从西班牙其他区域来到加泰罗尼亚（Catalonia）的新兴工人。这是一个建筑技术水平和材料选用都非常落后的地方，在建造时没有城市规划，也没有基本的设施供给。大多数住所都十分狭小。同时，在修建完成后就很快显现了严重的建筑问题，以及极其不规则的地形和脱离城市的孤立城镇等问题都对城镇和居住区的社会结构产生极大的影响。1988年，大约在建成后的40年后，巴塞罗那城对居民区的状况进行了

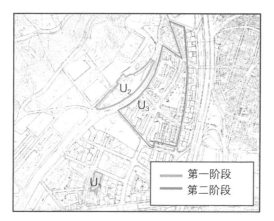

图8-5
巴塞罗那总体规划
（1999年2月）建立
的三个单元和阶段

详细的研究。这个研究得出的主要结论是，大部分被矽土肺困扰却难以改善的社会居住区都应该被拆除并且以新的居住区代替。这个研究结论定义了三个开发单元（U1、U2和U3）（见图8-5），并在1999年被纳入了巴塞罗那总体规划。

1999年，当地和地区政府为征集重建规划，举行了一场建筑设计竞赛。然而，那些在1995年参与社区计划的居民以改善地区的总体环境为由，反对最终赢得比赛的提案，使得重建计划搁浅。在那以后，人们自己组织了欧洲认知情景工作坊（European Awareness Scenario Workshop），邀请了当地居民、权威专家参加。在研讨会里，制定了居民区生态城市重建的基本原则，同时可持续性和参与性都将作为未来发展的基础。

2000年，这些基本原则作为分析指导文件，被认为是规划实施的工作和讨论草案。在新一轮竞争后，决定以参与的方式发起编制新的总体规划

计划。2002年3月，这个总体规划被正式批准，但是当地居民要求进一步完善，将规划理念改为生态居民区。在先前提到的必要的部分持续性研究被并入Gea 21，竞赛之后被定为下一步实施的具体细则。最终这个被命名为"生态居民区特里尼特诺瓦"的可持续总体规划成了生态城市项目的一部分。（见图8-6）

城市格局

有关项目中城市环境部分，主要的问题在于居民区与毗邻居民区的关系，居民区与主城区环境的关系，以及居民区内的服务整个城市基础设施的问题。重点关注的景观特征是临近山脉，大量的城市绿色空间和用于望山见水的景观。

这里复杂的地形在一定程度上限制了可达性。另外的一个主要难题是目前公共空间中机动车的行驶。为了增加功能的混合，需要减少机动车的使用，增加沟通交流的机会，基础设施的可达性要得到保证。因此，新规划方案提出，沿着主要街道建设既有出售日常用品的商店功能同时也有其他多种功能的建筑。这种新的建筑是4~6层的居住单元，购物和其他设施设置在第一层。这样便形成了像其他城市区域一样的最佳密度。

说到公共空间，新规划的空间结构可以创造良好的生物气候环境和高质量的公共空间，其主要措施为：首先，街道、广场、庭院、街区的空间设计要满足人们会面和交流的需要；其次，舒适的生物气候环境使公共空间一年四季都能被使用；第三，增加有利于城市生活的安全与保障设施；最后，将城市各个组成部分的自然过程与循环结合起来。对于城市中的自然环境，相关领域研究提出运用两个特定的指数来评估：加强土地的渗透性以及区域内绿色空间的总量。另外的领域研究提出通过对总体规划中城镇格局和建筑规模的修改完善来提高公共空间的质量。

交通

交通建设的总体目标是可持续交通方式空间上的全覆盖。除了已经存在的公交线路和地铁站，一条新建的轻轨线路刚刚竣工，它连接了特里尼特诺瓦和北部的居民区。地铁线路的扩建同样也在进行中。高密度和不断完善的多功能设施设备将会打造出短距离出行的居住区。区域内新的循环线路将会把现有的线路和新规划的巴塞罗那循环网络连接起来。把整个社区作为慢速交通区也可提高公共空间的质量，使得无论是行走其中，还是骑车畅游都惬意无比。由于整个区域最大范围是一个1000m×500m的长方

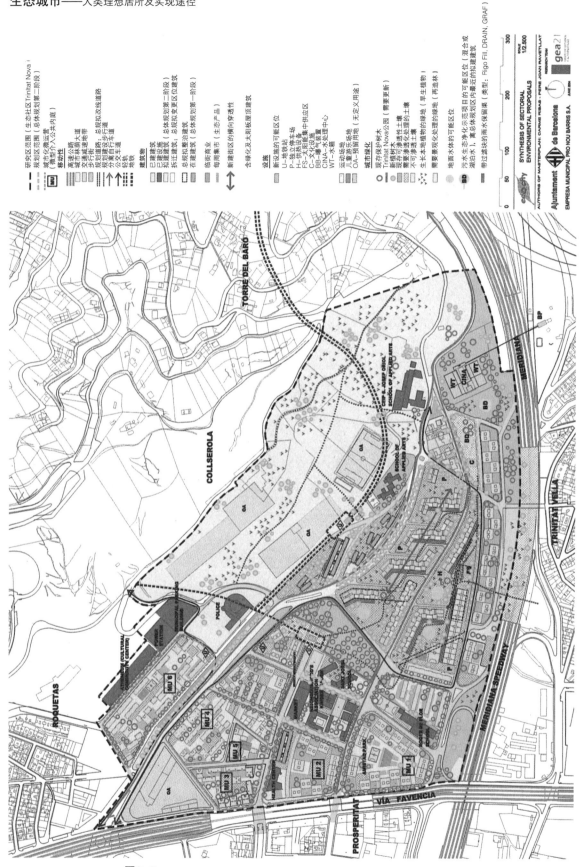

图8-6
巴塞罗那总体规划

形，所以最长的步行距离也不过约10min。考虑到街区内复杂的地形，最基本的一项功能就是要减少到达各公共空间的障碍。

针对机动车的行驶和停车问题，最主要的目标是减少有害气体和温室气体的排放，减缓私家车对公共空间的影响，从而提高公共空间的质量。利用陡峭的地形，提议可依势在第三单元边缘建立四个半地下停车场，这样能避免汽车进入居住区中心，从而尽可能消除地面停车的现象（见图8-7）。

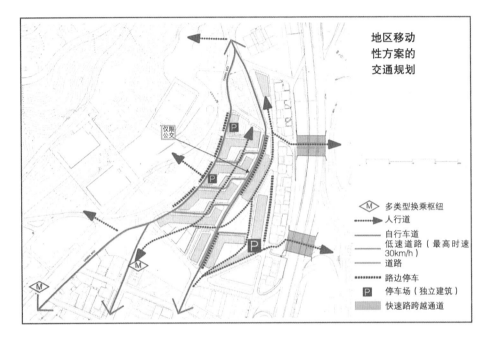

图8-7
P.E.R.I 可持续交通
规划方案

能源与物质流

这方面的主要目标是，在这个区域内减少能源消耗以及不可再生能源消耗对环境产生的影响；提高能源供应效率，减少建筑和公共空间的维护费用；尽可能用可再生能源代替不可再生能源（例如：用太阳能烧水和取暖）。

根据新规定，这个住房建设规划将是巴塞罗那利用太阳能建设的第一批建筑。这些建筑的设计已经吸收了各种各样的被动式建筑特点，比如隔热。

这一点对于处于地中海的建筑尤其重要，它们可以减少盛夏被高温炙烤而产生的损害，同时在冬季不至于温度过低而需要过多的保暖措施。在能源部分的研究考虑到供热系统的不同选择（如：太阳能光热、热电联产和热泵），供热的分布和供应（完全的集中系统，建筑中带有单独储存装置的半集中系统和完全独立分布式系统），最终提出了一个集中管理的集中热电联产系统的方案。这部分研究中的大部分能源方案都会被纳入最终规划中。

对于水资源问题，首先是要提高运输和使用效率；其次，使城市环境具备吸纳和保存雨水的能力；再次，促进水循环并提高水循环率；最后，通过将水系引入城市，使得城市水循环能够像在自然中一样循环。此外，旧式的水分布设施被转化为"水房"，这是一个着眼于水循环的新的环境理念。

对于垃圾处理问题，主要目标是总体上减少城市垃圾，并且创造废品回收和重新利用的最佳环境，消除垃圾对于居民舒适生活、身体健康、福利福祉的不利影响。

这个城市更新项目是要分三个阶段处理大约180000m³的建筑垃圾，其中需要面临的一个主要问题是建筑垃圾的管理。该领域研究的主要方案是运用管理计划来处理建筑垃圾。

社会—经济

社会、经济和环境策略的整合是优先考虑的问题之一。特里尼特诺瓦从1978年开始一直存在人口流失的问题，一直到1996年，特里尼特诺瓦居民数量为7696人，其中31%的人口为超过65岁的老年人。居住区中大约30%的人口教育水平低于初级水平，这些都导致了"社会排斥"的问题。此外，具有中高等教育水平的年轻人正逐渐离开这里，这进一步恶化了教育结构失调问题。青少年和成年人的卫生健康和疾病预防问题同样很突出。

本项目的目标人群就是居住在这里的居民本身。生态城市项目的一个重要目标就是要恢复流失的人口。通过高质量的生活，良好的交通设施和许多新的社会经济机会吸引年轻人和家庭定居在这里。居住区整体水平提升，比如从根本上改进交通条件，提高基础设施和城市质量以及生态格局的革新无疑会成为经济吸引因素，从而促进社会环境的改善。

尽管如此，特里尼特诺瓦项目的一个主要理念是要避免城市绅士化，也就是要吸引年轻一代人群的同时不能忽视老一辈的当地人。重建地区富余的住房单元可以作为应对逐渐转型的工具。此外，在教育和社会层面，社区计划的主要目的是为增加当地的工作机会创造良好环境。在这方面已制定一个实施方案，并且许多倡议都在进一步深入进行中。

8.2.3 项目成果—关键要素

通过在附近居住区应用同样的规划相同的规划，预期的规划目标正逐步在周边区域中实现。在某些方面，特里尼特诺瓦项目是巴塞罗那可持续性政策的试点项目（比如，政府有关太阳能和废品循环处理规定）。一些针对特里尼特诺瓦项目的方案已经作为市政部门和区域住房部门的决策参考依据。

例如，土地渗透率评估工具，家庭用水的循环系统，定向街道和针对气候条件和能源节约方面的合理建筑。近期通过了居住区法案，这个法案旨在建设集合参与性和可持续性于一体的城镇重建住房，并将特里尼特诺瓦生态城市项目制定的大多数可持续性目标融入其中。

最为杰出的结果是用参与的和集体方式解决在老居住区中创新社会住房的复杂问题，并在一个综合规划框架中解决问题以及在参与性工作方案下进行持续反馈。这个案例正在被几个国际工程作为在城市环境中整合社会、经济和环境问题的新方法来研究。

近期前景包括：

1. 强化特里尼特诺瓦生态居民区作为试点工程的理念。
2. 加强项目的教育与社会维度的结合，尤其要关注其参与性进程。
3. 要将项目具体实施到整个居民区。
4. 将领域研究的成果整合入下一阶段的工程中。

关键要素1	关键要素2	关键要素3
社会、经济和环境策略的整合	利用集中性的可持续的流动性	融入大都市区的可持续性理念
由当地居民发起的城市棕地再开发的整合规划过程。 　　居民区的高生态质量和革新是经济吸引因素。 　　通过多功能的新住房单元的引进增加社会多样性。 　　项目实施的进程对于参与人来说是一次教育机会。同时，也是新型管理和公共–私人–第三方–部门合作关系的极其重要的经验。	作为一个棕地，该区域取决于现存的公共交通网络，如今这个网络涵盖了新建的轻轨和地铁。 　　可持续交通概念包括无机动车区域，自行车道和集中的机动车停车场，这个概念要归功于很多因素：优良的公共交通服务，居住区和城市其他地区的连接，区域的中高密度以及居民区内便捷的服务。	例如，土地渗透性评估指示器，家庭用水循环设备和定向街道和建筑准则都被作为市区政府可持续性政策的参考而采用。 　　近期正式通过的居民区法案汇集了大多数Trinitat Nova生态城市项目中发展出来的可持续性目标。

8.3 杰尔生态城

8.3.1 概述

杰尔（Gyor）是匈牙利的首都布达佩斯（Budapest）外围的五大传统地

区中心之一，拥有13万城市居民，70万农村人口。这是一个受益于国家政治和经济转型的城市。由于其位于维也纳和布达佩斯之间的优越区位优势、宜人的环境、多样化的经济结构和丰富的文化遗产，杰尔（Eyor）是第一个从经济和结构转变所造成的经济萧条中恢复过来的城市。这些改变对城市格局造成了重要的影响，主要包括：中心区服务功能的改善；交通需求和环境保护之间矛盾的加剧；新建设购物中心（部分建在郊区）；新工业发展被规划在城市外面，同时百年传统工业逐渐暴露出其对环境的威胁。

"生态城市"是一个长期的发展规划，旨在重建多瑙河（与历史城市中心接壤）沿岸100hm²的工业区域。"生态城市"理念可以扩大中心区范围，并有助于保持城市功能，同时保护中心城区的诸多历史遗迹。在城市中再回复恢复工业区是保持城市格局均衡的方式。早在1994年就提出"水城"概念，但由于工业区所有者在2000年战略决策——逐渐停止这里的工业活动，因此重新启用这片地区，使得"水城"规划方案可在近些年加快实施。

图8-8
历史中心和规划区域的位置

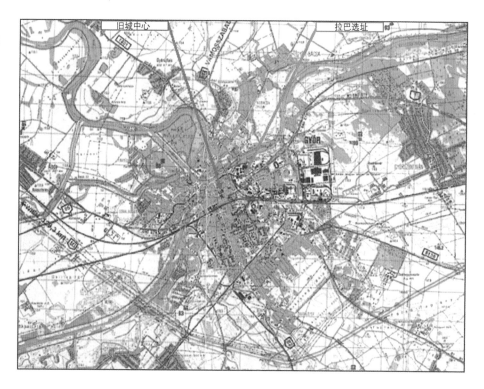

8.3.2　项目介绍

城市格局

项目空间格局特征为：

1. 临近多瑙河绿带；
2. 过去工业活动带来的内部基础设施格局；
3. 地点非常靠近城市中心；
4. 商业中心的发展集中在西北一带。

到目前为止，这个地方受到两个投资者的青睐。一个希望在西南角建立商业中心。其投资活动仍处在准备阶段——详细规划已经制定，以前的办公楼群和大型商店也已被拆毁；另一个投资商倾向于发展高密度居住区，这个居住区由4~9层楼群组成，涵盖6000个公寓，可以供11000居民居住。同时，这个规划还能提供5000个工作岗位。

本项目区既靠近历史文化中心，也紧邻城区，但一条主干道把这个区域和主城分开。本区域沿着多瑙河分布，在多瑙河和居住区之间，正在计划修建一个具有娱乐功能的公园。一些现有的工业建筑群将会被转化成其他功能的建筑（例如：食堂→图书馆、发电站→博物馆、防空洞→能源储存室或博物馆）。一些象征性的建筑比如水塔和学校将会被保留。

居民区是新建筑的集中区域，围绕在4~5个城市广场周围。城市广场在"绿手指"的指导下建设，与周围的环境、景观和供水系统连接起来。此外，在这些主要的广场上还会建立大学，图书馆和行政中心。每一个广场都有其特点，在城市边的两个广场主要承担公共功能。在这两个广场中间，由林荫道贯穿的城镇实现了城市交通和交往的功能，这里公共汽车，小汽车穿梭其中，行人在这里偶遇，行走，漫步。

这个基本的城市格局，使得这里的盛夏依然能感到凉意，好像一阵风拂过"绿手指"。这"手指"是由自南向北的流水构成，如此景象使得生态住宅的地理特点凸现出来。每一个居住点都是由蜿蜒于居住区中的绿手指连接。无论是行人还是骑自行车者都能沿着绿色走廊游览，并且能够很容易地到达河岸上的道路上。

交通

这里有完整的交通网络，其中包括人行道、自行车道和机动车道。针对每个街区的能容纳200~250辆汽车的多层停车场已在规划当中。在街道中除了观光者和短期的停车服务，其他的街道上是不允许停车的。

人行道和自行车道组成了居住区主要的交通网络，并且提供了到达主要目的地的最近路线，例如：人们很可能步行或者骑自行车到小学，因为步行到那里很近也很安全。居住区布局中涵盖中心庭院，新月形庭院和广场，这些都是为了方便行人和骑自行车者而建的。由于人行道和自行车道

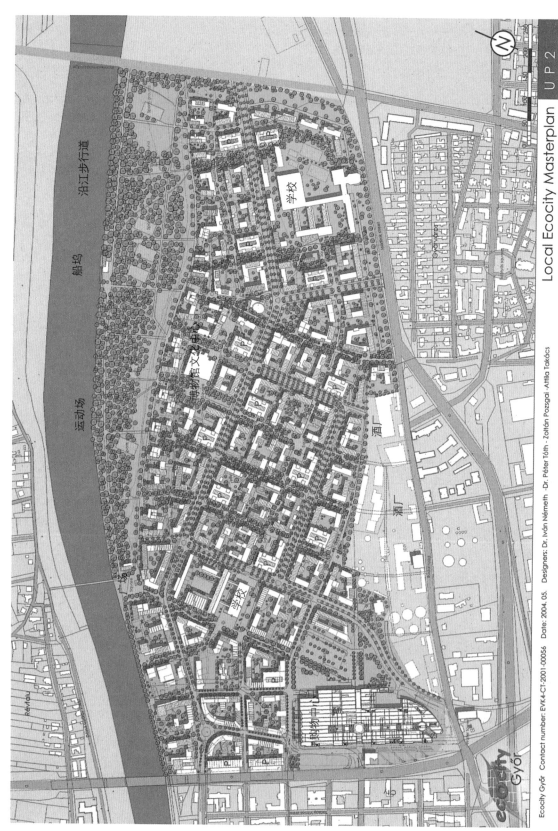

图8-9
杰尔城市总体规划

连接了居住区和功能服务区，所以整体结构相比于为机动车设计的格局，可以促进人们更多地选择步行和自行车。区域中的小道使人们既能穿行于街区中也能行走于街区之间，这创造了良好的生物气候环境。同时有几条为自行车者所用的轴心线路在计划建设中，这些线路已被整合进城市的自行车交通网络中。在现存的道路中有三条自行车道是通往城市中心的，最短的一条将会被进一步完善。整个线路结构都会被（重新）设计，这样能使自行车优先上路，汽车速度也能被限制下来。沿着多瑙河，一条自行车道连接着绿色空间、体育健身场所和城市中心。

人口密度相对于高效经济的交通供给已经足够高。一条城市公交线路将会连接历史文化中心和工业区西南角的商业中心。一条新的公交线路（起初是一条，后来为两条）将形成公共交通网络的一部分。其中一条线路通往主干道西端，途经城市中心，火车站，从而连接了工业区和其他居住区域。另一条将通往东南的工业区。在区域内，从任何地方到达公交站的距离不超过300米。

汽车通往城市其他地区的主要道路是次干道，其通车量大约为每天20000辆。这种道路设计对于城市非常有利，道路系统将会保证可持续的流动性。新的设计将会秉持"开得慢，走得快"的原则。道路的特点是：机动车的较低的行驶速度（约40km/h）；特殊的连接设计造就的狭窄带式高容量的道路；没有交通灯情况下的持续汽车流；尽可能的混合利用道路。这个区域的交通道路安全并不依赖于交通灯，而是归功于先前的重要路标，这些路标起到限速和提示行人优先的作用。主要次干道有着特殊布局，它配备分开的狭窄小道和宽阔的中心预留地供人行道和自行车道甚至是报摊电话亭。

其他街道的设计使得汽车行驶速度不能超过20km/h。狭窄的道路限制了机动车的速度，使得行人以及骑自行车者成了主人，机动车成了客人。彼此碰面时，行人和司机将会有机会有短暂的目光接触。同时居民区的街道能够提供相应空间，供孩子们安全轻松地在其中嬉戏玩耍。

能源和物质流

在生态城市项目框架中的新居住区设计中，其在能源和物质流方面的目标原则是对太阳能的被动利用。

城市居民区中对太阳能被动利用的规划包括：

1. 鼓励通过不同的建筑方法利用太阳能；
2. 对道路网络进行创新性设计，对道路的走向和宽度以及对厂房结构利用，在没有屏蔽居民区足够的空气流通情况下，减少恒风造成的空气冲击波的影响；

在大多数情况下，该地区的风来自于西北方向，在少数情况下来自东南方向。这创造了一个独一无二的机会，可以将风的冷却效果和基本生态结构结合在一起。"绿手指"规划沿着东北方向种树，一直延伸到多瑙河的绿色河岸，并且深入到规划区域内。

厂房在建筑层面对太阳能的被动利用包括：墙面和表面玻璃的走向，热储存能力和建筑物中能量流的控制。

取暖和热水供给的两个选择分别是：

1. 改变现在Rába plc区的现有锅炉房，成为两个7MW性能的生物质炉（木质芯片或芯块），这两个生物质炉由一个3MW性能的燃气加热装置和一个有6000m²的太阳能的集电极场供能。

2. 利用附近酿酒厂的余热

"绿手指"被用作雨水收集器并且也将成为雨水排水系统的主要引导沟渠。雨水将会流进"绿手指"，其周围还种植树木和其他植物。在雨量大时，水将汇入多瑙河。在高水位时，一个止回阀会防止多瑙河的水流入区域内。

社会—经济

生态城市项目意味着设计一个包含隐形的人际网络的城市或者居住区。因为Rába plc是无论在经济上还是在情感上都是这个城市最重要的工厂之一，所以Rába博物馆中的一些著名的元素将会被保存和陈列在旧地堡中。一个新的城市图书馆也将会建立。此外，这个地方宝贵的历史遗产都将会被保存下来。

新的居住区是由10个镇居民区组成，每个包括的寓所不超过500个。居民区是最小的空间和宜居单元，公共空间和功能都包含其中。在居民区这个环境中，人们将赋予居住区他们自己的意义，形成他们自己的认同。每一个居民区都以独特的方式组织安排在一个中心院落或者广场周围。在这里，有吸引人的各种服务功能，例如：托儿所、流动中心、小学、自行车商店、社区医疗中心和社交场所。在中心广场周围还有供残疾人使用的设备以及社会供给。在居住区，有多种住房形式（根据物理和社会特征和所有制形式）。对于房屋所有者，房客，个人和家庭，第一次买房的年轻人，空巢老人，这里都是一个多元的世界，可以通过许多种方式购得或租得容身之所。

8.3.3 项目成果—关键要素

关键要素1	关键要素2	关键要素3

绿色地带的城市更新	可持续交通	自然的环境
规划通过对莫松–多瑙河沿岸的工业区的再利用，使得拓展居民城市中心成为可能，并有助于保持其中心功能和保护历史遗迹。 这个工业区十分靠近城市中心的地理优势使其易于到达。 目的是要建立一个居住区，居住区内的建筑均为4~9层，包括6000个公寓。在办公和商业等领域可提供5000个职位。	为行人和骑自行车者建立一个密集的网络，这个网络给他们提供一个从住处到各功能服务中心的路线，从而使人们能够比在为机动车设计的标准网络中更多的选择步行和骑自行车出门。 城市道路的特征为低速行驶，独特连接设计促成的高流量狭窄大路，没有交通灯情况下的持续的交通流动和道路的混合使用。	"绿手指"沿着东北方向种植树木，一直延伸到多瑙河绿色沿岸，并深入到规划区域内。 工业区沿着多瑙河延伸，在河流与居民区之间，一个供居民娱乐的公园在规划建设中。 大多数情况下，这个区域的风是从西北方向吹来。这提供了一个将风的冷却效果和"绿色手指"的基础生态结构相结合的独一无二的机会。

8.4 坦佩雷·维累斯生态城

8.4.1 概况

芬兰维累斯（Vuores）位于南部城市坦佩雷（Tampere）的林地发展区域中，这是一个典型的新建项目。芬兰维累斯与坦佩雷以一个湖泊和赫凡塔（Hervanta）东部为界。规划面积共472.6hm^2，规划有13400居民和3500人的工作场所（见图8-10）。

图8-10
维累斯的区位

8.4.2 项目介绍

项目开始时一些非常通用的概念被应用于芬兰维累斯地区。这些概念源自生态城项目的开发标准和指标。后来，概念被进一步发展。这些相互关联的概念被用于具有以下目标的六个主题：

- 城市格局：优化城市格局、建筑物、公共空间和交通系统；重视该地区的微观气候条件；预防交通噪声和其他有害物质排放。
- 交通：优化街道网络，减少私家车交通；优化公共交通，提供步行和骑自行车的空间，提供灵活的泊车系统，优化交通管理。
- 能源：优化能源节约和能源系统的性能，最大限度地减少热损失，提高能源利用的意识，减少用电量。
- 信息技术：为各种远程活动提供可能。
- 自然环境保护：土地利用规划考虑当地的景观结构，维持生物的多样性；雨洪控制和生态化管理。
- 社会问题：考虑社会的可持续发展问题；组织公民参与社会活动。

这些概念以卡片的形式产生。每个卡片包含概念的插图，根据它所采取的措施，要实现的目标与相符的标准和指标。

城市格局

有关城市格局，该地区的主要原则是与大自然保持密切关系。每个住宅区和绿化区域之间的距离都较短。建筑结构被安排在主干道的两旁，使得建筑街区与周边绿化空间可自由联系，并且不受交通的干扰。建筑密度也很低，特别是结构的边缘。

在维累斯的总体规划中（见图8-11），其独特的自然环境从一开始就值得称赞。所考虑的特性是多样地形和形态、宝贵的自然元素、供水系统（岭是作为分水岭），森林和现有度假别墅用作娱乐用途的可能性。因此，规划过程中的基本主题是保护自然环境和该地区的特性，以及考虑到它的微观气候特征。

考虑到为该地区的人口提供必要服务，设计了高度混合的用途，尤其是在中心地区。这样一来，该地区就获得了一个独立发展的机会，而不是成为一个郊外住宅区。这个结构也集中在主干道的周边发展以此来满足大多数人都能够步行或骑自行车到达必要的服务和公共交通的需要。

该地区有一个主中心和四个次中心，基本服务都集中在这些中心。这些中心通过公共交通路线为工作场所提供很好的服务。此外，主中心包括不常用的但却重要的社区服务。2003年秋季，该地区推出了一个分为两阶段的中心区建筑设计竞赛，于2004年12月结束。生态城市的原则是竞赛导则的一部分。在城市规划和实施阶段，这些原则将被更加紧密地应用。城

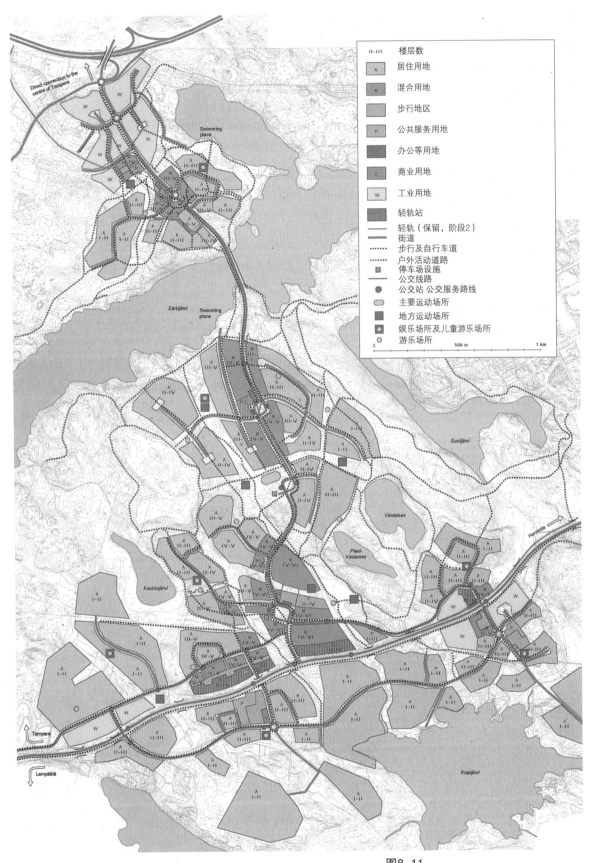

图8-11
维累斯总体规划

市公共空间主要集中在这五个中心，另外也与公共交通网络相连接。人行道和自行车道将它们连接到附近的住宅、混合用途的楼宇，以及周围的绿地。这里有包含各种体育设施的中央体育区和室外运动场。

因为将敏感的自然环境纳入考虑被认为非常重要，因此该地区建立了一个相当分散的结构。出于同样的原因，其平均密度（总建筑面积比例）已经非常低，整个地区只有0.17。然而，中心区的密度为0.35。一个低密度的分散结构，往往会产生长时间的步行和骑自行车的距离，也使它很难安排经济和有效的公共交通系统服务于整个地区。这也有可能将导致道路结构变成汽车导向的交通体系，这些缺点可以通过集中五个中心周围的建设和在主要交通干道上降低车流量被部分抵减。

交通

维累斯是尚未开发的地区，没有自己的交通网络。仅有的一条路在南部边界，名叫Ruskontie路，此外，林荫道路或小径也为数不多。解决维累斯交通问题的办法主要是新修一条主干道Vuoreksen林荫大街。该大街横贯南北，跨越Sarkijarvi湖。另外，Ruskontie路两旁各有一条垂直平行的小道。

图8-12
公共交通

服务于维累斯（Vuores）中心地区的公共交通网络

到达坦佩雷（Tampere）中心区的最短公交线路

经决策者商定的轻轨系统（有关实施的决定取决于整个坦佩雷地区的选择）

有几条通道与这些路连通。通道设计为低速的、行人优先的且街道两头无法通行。不过为了保证服务性交通，连通街头的人行道对服务性车辆开放。

道路规划和交通政策着重于促进步行，自行车和公共交通。步行道和自行车道与汽车道隔离，实行高质量管理。规划中公共交通服务机构同样是高品质的，包括进入坦佩雷市中心的快速服务和快速通道（见图8-12）。

考虑到维累斯地区的交通可达性，交通体系中的公共交通占据中心地位。目的是以轻轨为基础，沿着Vuoreksen大街通过拟建中的Sarkijarvi大桥，直达坦佩雷市中心。在轻轨线完成之前，还是以巴士为主。基本服务项目以公共交通站为起点设定在合理的步行距离内。

维累斯将建立起高质量的综合性的人行道和自行车道网络。其规划通过使用交通减速和尽可能少地减少穿越汽车道来最大限度保证安全性。人行道环境对于所有人都非常有用，特别是基础服务也应保证高可达性。这种解决办法对无车家庭是有利的。另外，还要建立供娱乐活动的综合性的道路网。因此中心城区的自行车停车处要特别引起关注。

过境车辆允许在次干道上通行，但要受到减速、限速的限制，目的在于减少对过境车辆吸引力。通道上的车辆被要求尊重行人优先规定。居民区停车集中在离住宅楼远处的公寓楼，其目的在于鼓励使用公共交通。维累斯内没有规划无车区。

所有的街道都被设计为可供紧急情况和服务交通使用。邮购产品和网购产品通过营业时间长的，夜间和周末营业的连锁报刊亭人员分送。

交通噪声多数是靠足够远的距离来解决，如建筑物、广场、花园的相对位置、适当的交通工具、停车管理。不过也必须采取措施降低物理噪声。

能源和物质流

在能源供应方面，街区的供热由热电厂承担，主要用于为周围的密集建筑区域供热。在这个区域利用可再生能源的可能性受到限制，而且无利可图。因此，考虑到可持续的问题，继续沿用现有区域的供热网络作为主要供热的能源系统，对于维累斯来说是比较明智的选择。然而，促进可再生能源使用的计划主要是利用地源热泵供暖和主动式的太阳能系统作为补充。独立住房和农房将根据个体情况部分使用生物质和电力供热。被动太阳能在某些方面也会被纳入供热系统。将多种供热方法相结合还取决于现有研究成果。区域内的地下水源制冷体系也在研究中。对于个人建筑定向中的被动太阳能的使用必须确定下来。坦佩雷市的电力工厂也利用风能，同时也是风能农场的股东。由于少风，在维累斯地区或者附近直接促进风能的使用在经济上是不可行的。

不考虑建筑的能源来源，节约能源非常重要。建筑区域包括低耗能建筑和根据2003年芬兰建筑规范所建的建筑。节约能源策略是基于尽可能降低热流失，主要通过提高隔热水平，低能耗窗户，气密性，热回收和温度控制。低温供热系统和从空气流动中对热能回收是值得推荐的。易操作的温度控制策略和可测可见的能源消耗是建筑设计考虑的问题。

对于不太需要制冷控制的房屋，办公室和其他建筑，制冷这一方面不作考虑。针对这些目的智能制冷系统正在调查研究中。

隔热，高级窗户和空气对流中热回收的性价比很高。相比于传统的建筑修建，投资成本只增加了不到3%。通过这种简单的减少建筑热损失的高效方式，供热能耗减少了50%～60%。如果太阳能技术被引进，热能消耗相比典型的芬兰独立房屋能减少70% ~ 80%。

建筑材料和土方移动

对使用可持续的建筑材料方式正在制定，但是明确的是建筑中将会大量的使用木材。因为丰富的起伏和脆弱的地形，在设计街道和进行建筑选址时一直都需要尽可能减少土方量。然而这个目标将会产生弯曲的道路格局。

水资源和废弃物管理

维累斯将保留传统的水资源管理系统。废水主要由重力下水道收集，在坦佩雷中心附近的污水处理厂进行处理。在维累斯，中水系统规划方案至今还未提上议程。

图8-13
雨洪管理

地区管理实践
　湿地
　池塘与盆地
　海岸渗透
　自然形成的水流

实地管理实践
　排水及渗透沟渠
　滞留槽
　已存路面
　交叉街道设计

多级管理实践
　雨水水槽或水箱接的雨水滞留
　草地沼泽地
　雨水花园
　缓冲带

因为考虑到雨水可能带来的负面影响，自然处理和控制变成了维累斯规划中的重要问题。为了维持地区现存的水文条件（见图8-13），尽量不使用传统的雨水管网，主要靠滞留、渗透和湿地系统进行雨水的控制和处理。

为减少成本和排放，促进循环利用的潜力和处理有害废弃，废弃物将采取先集中收集后有效分类的方式。此外，废弃物收集和分类方面，至少有五个收集点和一个废弃物收集生态中心。从肥料废弃物中产生的沼气将会被作为能源重新利用。

社会—经济

维累斯通过集体工作小组、公开会议、采访、访问和公共调查进行公众参与。2001年秋建立生态城市社区委员会，组织了由坦佩雷居民组成的研讨会。同时，坦佩雷城还组织了几次活动，实现维累斯规划过程投资者和商业部门人员的参与互动。

维累斯规划的核心部分是明确愿景，阐述本地区期望达到的发展水平。

愿景包含了通过问卷调查汇集出来的"维累斯理念",由当地人、公务员组成的研讨会获得。资料来自于生态城市项目。维累斯发展的未来框架正在准备中。同时,城市将通过互联网创造新的公众参与机会。

区域现存的社会经济结构随着发展将全部改变。其目的是建立大量高品质的公共服务、个人服务和商业服务。中心区主要是维累斯的商业和服务区,但是在非中心区也有公共服务、私人服务区以及一些娱乐和体育设施。公共设施规划为几种不同用途。一个有效的ICT基础架构将提供电子服务,网上民主和远程办公功能。

维累斯规划的一个目的是实现高度的社会融合。因此,维累斯的住房所有制和居住方式是多元化的,可以满足不同类型的住房需求。此外,在维累斯不同的居住区在尽量体现不同特色。

在规划阶段,大多数生态城市理念都可进行整合与实施。但公共交通系统和雨洪管理系统需要专项的资金投入。

大多数工作地点都设置在五个中心服务设施点和居民区周边,这有助于形成混合利用的特征。工作区域将会是维累斯北边一个比较大的商业和工业不动产区域,其目的是在各部门都创造工作机会。这甚至会使居民区附近的小规模农业生产和手工业发展成为可能。将Hervanta现有研究项目和高科技企业结合起来的方案正在探索中,创建一个生态研讨会也在规划当中,其主要目的是使得居住在维累斯的人也能在那里工作。Hervanta的工作地点也很近,维累斯可能也为Hervanta的居民提供工作。

8.4.3 项目成果——关键要素

关键要素1	关键要素2	关键要素3
紧密联系自然	公共交通	社区结构
该地区规划实质性的目标是谨慎地整合脆弱的自然环境。 所考虑的基本因素是各种各样的地形地貌、有价值的地区特征、生物多样性、微观气候条件和现有的水系统。 结果,自然环境在这个地区无所不在。所有居住区都距离绿地很近。自然环境通过绿手指和绿带渗透到城市中。重要的问题是本地自然水系的保护。	以轻轨为基础的公共交通在交通系统中占据中心位置。轻轨沿主干道穿越整个城区,为所有的职能中心提供服务。不过在轻轨建成前,仍沿用老的路线使用公交。 高质量的人行道和自行车网(靠近车站)有助于促进公共交通的使用。同样日常基础性服务设施也将靠近车站。	已建设施集中在一个主中心和四个次中心。他们离居民楼都很近,在步行范围内。中心里有公共广场,日常服务机构和大量的工作场所,另外,主中心还有社区服务机构。这样,这些中心得到充分利用,中心提供公共服务和商业服务,离公共交通服务很近。预期中心广场上将会呈现出丰富多彩的社区生活场面。

8.5 特尔纳瓦生态城

8.5.1 概况

特尔纳瓦生态城是在一个具有珍贵历史文化遗产和颇具发展潜力的中等城市中心区的生态重建案例。特尔纳瓦位于多瑙河平原边缘，布拉迪斯拉发（Bratislava）东北50公里处。在斯洛伐克共和国的行政结构中，它是一个区域首府。特尔纳瓦是斯洛伐克人口第七大城市，但人口数量15年来一直停滞不前，大约7万人。即使在未来，城市的人口状况也不会有显著变化。但是，据估计新的工业能力（标致-雪铁龙汽车厂）将有助于阻止邻近居民区人口的下降，促进人口向特尔纳瓦迁移。

特尔纳瓦拥有良好的区位优势，并与斯洛伐克的公路和铁路网络有着密切联系，附近的布拉迪斯拉发有机场和港口。城市主干道路以及拥挤的交通是许多斯洛伐克城镇常见的问题。特尔纳瓦生态城的研究强调通过合理的交通基础设施来维持城市可持续发展。

同所有的其他斯洛伐克城镇一样，特尔纳瓦依靠外部提供能源（电力和天然气）。具体来说，附近有一个核电厂Jaslovské Bohunice，为城市提供热能。它将在2006年停止运行，这为可替代能源的准备提供了很好的机会。

8.5.2 项目介绍

这个生态城市项目验证了附近三个不同结构和功能类型的城区实施生态城市原则的可能性：北部的历史文化街区，临近的废弃糖厂区域和Rybníková交通走廊（见图8-14）。使用该方法的目的是探讨交通和空间规划的城市可持续发展原则。在生态城市，公共空间（街道和广场）是交流的平台。质量评估标准有三个：生态，经济和社会文化。《综合交通总体规划》[Rakšányi, 2000]可作为适当的工具。它的特点是长远性，在各个阶段持续的公众参与：评价、探索、分析、评价发展愿景、目标、任务、方案制定，从而选择最合适的方案，设计方案（生态城市概念）的详细分区和实施，作为当地生态城市总体规划（LEMP）。空间结构规划和可持续交通与交通政策措施相结合，如

图8-14
特尔纳瓦生态城市
场地分析

欧盟项目LEDA[①]提出的。

特尔纳瓦"历史文化型生态城市"愿景是基于可持续发展的三个目标：环境质量，社会文化认同和经济效益。这里特别强调特尔纳瓦历史遗产的保护。具体到这个项目，根据他们的质量和自然文化资产的保存程度，采取具体地区具体对待的做法。对于示范区，选择了两个能代表特尔纳瓦性质和发展的区域：与城市中心相关的空间发展方向（集中，非集中）以及文化历史遗产的方法（重建，重组）。

这个方法有四个不同方案。这些方案能使该地区未来沿着不同的轨迹进一步发展。整个城市交通网络功能的变化与生态城市方案交通量的变化相匹配，基本原则是市中心减速。对交通部分，选择以下可持续性特征作为质量标准：减少不利的交通功能，并降低整体的交通负荷；设计适合车辆和行人的标准，加强区域连接和周边地区的联系，改善公共交通服务；支持其他模式的停车设施，提供城市物流。

这个方案已经和居民、地方协会和独立专家进行了讨论。他们也与镇议会的代表和市长进行了讨论。公众参与过程完成后，选中了一个方案，通过适当的土地集约利用和强调在未发展区域进行城市生态发展原则，来恢复和加强城市形象。

整个设计概念的灵感来自于生态城市建筑格局和自然格局的地方特色。在方案制定过程评估了城市道路的新功能，层次和类别。这些为斯洛伐克国家标准"城市和类似的道路规划和设计"的现代化作出贡献。

特尔纳瓦的 LEMP 是通过并行设计和公众参与程序产生的，一个城市格局和专项规划融合的综合性文件，并受到生态城市的质量和标准的支持（见图8-15）。

城市格局

中心区的发展充分尊重历史悠久的市中心巴洛克式的城市格局，并保留其紧凑的结构，质地和城市层次也尊重19世纪工业发展的特点，但建议拆除无历史价值（或城市形象）的建筑物。

废弃糖厂区域发展规划的特点是一个历史结构的补充，提供那里所缺少的城市格局的部分。新的发展规划中功能最优化和城市间联系（短距离的城市）是主要的设计原则。因此，混合利用是这个规划最重要的一方面，把所有的城市功能都整合到这里：住房、商店、公共服务、学校、文化和

---

① 城市中可持续交通的法律监管措施，http://www.ils.nrw.de/netz/leda（德国网站）。

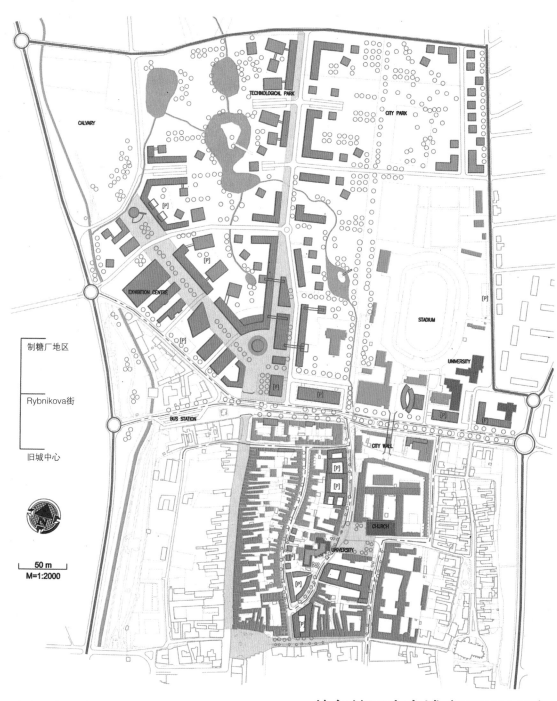

制糖厂地区

Rybnikova街

旧城中心

50 m
M=1:2000

地方生态总体规划

特尔纳瓦生态城（TRNAVA）

图8-15
特尔纳瓦总体规划

宗教中心，政府机构，运动和娱乐，公共绿地和水景。

虽然原来的城市中心没有显著的变化，糖厂区域失去了它的工业特性，它的功能改变了：有规划的展览区，科技园区，大学校园，服务设施和住房。周围Rybníková街道的新发展也将呈现独特的混合利用特征。

交通

提供多功能结构是基于步行可达性和优化通勤距离的原则。更重要的是无障碍城市的整体设计，对包括老人，有孩子的父母和残疾人等人群来说非常方便。因此，对交通系统来说，以下参与者的需求和交通系统的元素主导着设计（按先后顺序）：行人交通（行人专用区、"woonerfs"或住宅地带①、混合使用区、步行街、车辆限行区和休闲人行路线）；自行车交通（隔离的自行车道、混合使用的街道、穿越行人专用区和混合使用车道的可能性）；公共交通（城市公交路线及公交站、其他公交线路站点、区域公交车站、公交车和自行车多功能带）汽车交通（主要道路和其他道路、混合使用的街道地区、交通减速区、林荫大道和交通灯过路的街道），以及停车场设施（多层停车场、地上和地下停车场、路边停车和安全的自行车停放的可能性）。这些停车设施（大型多层停车场的形式）位于区域边界具有战略意义的地方，在城市的历史中心区仅能提供有限的地下停车设施（见图8-16）。

设计不同区域时，应特别注意交通组织的构建：无车或限车区和限速街区。通过道路布局规划保证车速和交通流量的降低，尤其在Rybníková林荫大道。通过采用在布拉迪斯拉发（Bratislava）的斯洛伐克科技大学开展的前期研究工作成果达到［STUBA；Bezák,2004］——狭窄的汽车道路、彩

图8-16
交通规划

交通规划

- 步行区
- 步行优先区
- 混合用地
- 无机动车居住区
- 停车库
- 地面公园
- 地下停车场
- 路边停车场
- 城巴线路
- 自行车或公交线
- 隔离自行车线路
- 步行线
- 主干道
- 其他干道
- 城巴站
- 公交站
- 长途公交站
- 自行车停车场
- 交通线路

---

① 交通减速地区，限速10km\h，行人和骑自行车者优先。

色和反光的隔离线、道路上的停车振动带、粗糙的块石路面、减速小凸面、纵向停车等（见图8-17）。

图8-17
限速林荫大道

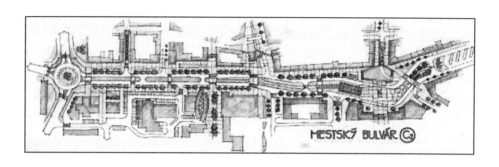

能源和物质流

通过更好的保温和使用替代能源，特尔纳瓦生态城的节能潜力得到加强。由于在斯洛伐克的法规和标准中对于低能耗房屋/建筑没有具体要求，建筑的设计秉持传统价值观。

生态城市主要是通过现有的热/能源网络和资源（主要是中央供热系统、天然气、石油和电力）提供能源。由于希望保持现有供应和新能源之间的平衡，可再生能源的使用只有约5%。除了太阳能（主动和被动），也可以利用热泵，利用从建筑物和地面获取的余热。木料和风力发电也能满足一些对能源的需求，但不包括城市中心区。

在城市历史区域应用生态城能源的可能性有限。大多建筑物被列入国家遗产名录，这意味着通过增加隔热来提高热技术性能的可能性微乎其微。因此，相对于生态建筑标准，取暖能源需求仍然非常高。

通过城市"生物走廊"自然元素的引入使得水和植物能够沿着Trnavka溪流和Hornopotocna街道进入城市环境。新保留在制糖厂区域池塘的主要水源是Trnavka。在新建建筑中建议利用雨水过滤来进行中水再利用，这仅在不要求饮用水水质的地方应用。

社会—经济

为了克服生态城市复杂的实施问题，促进利益相关方的参与和紧密合作非常必要。主要的利益相关方是市政当局、投资者、市民、业主、企业家、开发商、大学和商会。建立公私合营的伙伴关系可能是一个更好的与上述参与者合作的关键。因此，它有可能解决许多实施问题。然而，应谨慎行事。这么多的参与者实际执行起来并不容易，因为在斯洛伐克几乎没有任何这样的安排付诸过实践。因此，有必要逐步培养合作关系，尤其是市政府和潜在投资者之间伙伴关系的培养。

特尔纳瓦生态城（Trnava）的理念是让不同心理层面的特尔纳瓦（Trnava）社区受益。这些措施包括新住房建设和城市更新、交通理念的实施，如Rybníková大道、无车区、交通限速区、改善能源和废物的概念，还有土壤净化。

项目组织了两次重点群体参与的会议（民间组织中的居民，俱乐部，学校和非政府组织的代表），以便让他们了解生态城项目，并讨论如何在项目中满足市民的要求。同时，和环境、规划、交通与经济关系等组织的管理者和当地议员进行了两次更深入的会议，从城市战略的角度讨论投入以及生态城市方案的优势和劣势。在其中一个会议上，生态城市社区论坛也谈到了生态城市方案的内容。

8.5.3　项目成果—关键要素

在特尔纳瓦生态城的规划中，原则应用的目的是在不久的将来整合城市中心区。目前，这里有非常不同的功能：城市的历史中心，使用率不足的体育设施，大学和糖厂（棕地）等区域。这些都将由一条主干道（Rybníková）连接起来，也是一条具有社会职能的林荫大道。水、植物以及一些城市建成元素将穿过这条道路。

关键要素1	关键要素2	关键要素3
街道作为一个连接的因素，而不是阻隔障碍	重新引入水元素进入到公共空间	"绿色"旧区更新是这座历史城市的核心
Rybníková街道因为沉重的交通负担成为一个心理和物理上的阻碍，将历史区、新发展的教育机构区域、体育设施和即将重新开发的糖厂区域分离为生态城市项目的一部分。它被提议改建为一个城市街道，或者拥有顺畅、慢速机动交通（以没有卡车和快速车为特色）的林荫大道，以便为行人和骑自行车者创建街道氛围的条件。建议在住宅和工作场所附近设置混合服务、购物和文化功能的地面建筑来吸引人群。	公共空间和绿地中水的引入和利用消除了城市化中土壤污染和当地雨洪的负面影响。水源被滞留在城市区域用来满足景观功能。 　　废弃糖厂失去功能的沉淀池将会被转化为滞留雨水的三个池塘，绿色植物和线性水元素创建的生物廊道连接了城市及其周边的环境，与此同时，中世纪街道上溪流的重现在恢复历史形象同时也将改善微观气候。	城市历史中心区的"绿色"旧区更新不但增强了历史价值，保护了历史遗产，也将生态价值引入历史城市建筑物中。 　　这意味着大街上和庭院中更多的树和绿色，新建的公园，复兴的溪流，可渗透地表面积增加，更多的环保建筑（也包括重建的）和车流量减少并减速的交通—将街头重新归还给居民。

8.6 蒂宾根生态城

8.6.1 概述

蒂宾根是一座令人心怡的大学城，位于德国西南部。这里住宅需求量大，既要保证年轻的家庭居住需要，还要向目前流向蒂宾根的人群提供住宅。预测到2010年，有6000套住宅的缺口。同时蒂宾根地区的移民区域扩展迅速，从1950至2000年已增加了137%。因此，主要目标之一就是要确立战略以解决矛盾，一方面要解决新移民区的缺口，另一方面又要把土地消耗降低到最低程度，同时还要保护环境。同样重要的是明确城市发展的生态要求和人口条件，防止铁路沿线、规划中的轻轨车站周围、市中心附近移民密集区域的无序扩张。

另外，生态城市项目应该汲取欧洲最成功项目的经验，蒂宾根-斯塔迪特（Tübingen-Südstadt）在2002年获得欧洲城市和地区规划奖。本项目目标在于用交通导向，优美的景观，水和能源概念整合各区域的城镇特色，创立一个新型的优势开发模式。这其中包括混合利用、高密度、减少车辆交通等概念。

8.6.2 项目介绍

规划过程开始前，由社区规划会议提出一个综合的全民参与计划，然后达成远景规划和共识。这是两种迥然不同方案的基础，并已经与当地居民和利益群体在第二次研讨会上进行过讨论。本次会议确认生态城市项目的总体目标与当地市民的愿望有着广泛的一致。总体规划被设计为一个集成的整体概念，包含4个不同实施阶段和对应于规划地块不同情况的模式。生态城市选址在蒂宾根-Derendingen，包括3个不同的区域，即棕地区域，密集区和未开发地区。

城市格局

北部的Muhlbachacker密集区通过一个密集的和多用途建筑结构桥接的铁轨与绿地的中心地带和规划轻轨站附近无车的Saiben区域相连接。沿着绿化区的南部庭院与新广场之间是一个古老的村庄。为了能最大限度的采集阳光，规划了一个具有景观敏感性的住宅，占据了西边边缘的1/4。生态城西南部 Saiben二村的扩建部分与村庄中心的Derendingen相连接。临近铁路和轻轨站的棕地（以前的Wurster 和 Dietz saw机械厂）被规划为一个紧凑的、高密度的、混合利用的商用结构，原有的一些建筑和未覆盖的溪流会被保留。

Mühlbach 小溪代表了重要的景观结构——一条连接着生态城所有区域的绿化带——继而转向贯穿新Saiben居住区。新的西部城市边缘，包含了传统的景观元素，比如果园、水净化和渗透的生态基础设施，确定为城市发展的边界，防止将来进一步扩张。Saiben北部边缘城市农场应该为邻近的绿化区生产有机食物。它也是蒂宾根全市星形的开放空间结构的一部分。公共空间特别为步行者、骑自行车者设计完成并为水系设计所支撑。一条穿越铁路并很具吸引力的地下通道，采用了保护气候的太阳能屋顶覆盖，位于通向市中心和斯塔迪特的轴线上。

城市气候问题也被考虑到。相关措施已经得到城市气候咨询机构的认证，包括保持Saiben中央北面的冷空气交换走廊的畅通，保留 Mühlbachäker地区的绿化区（该区通过生态城与西部冷空气源地区相连）。

支撑公共空间吸引力和绿地水文地质敏感性的可持续水资源概念已经形成。该概念的前提是通过一个地下水中和的城市区域工作，将雨水径流限制在类似未开发地区的水平。这样，Saiben 地区的渗水总量应该随着雨水渗透和污水净化的增加而增加。这些地方也可用作对居民具有吸引力的公共空间。

图8-18
蒂宾根生态城区位、火车站和规划中的轻轨服务

蒂宾根

老城区

主要站点

研究区域

资料来源：Manfred Grohe, Kirchentellinsfurt

南城
蒂宾根的发展
洛雷托地区

图8-19
Südstadt在蒂宾根地区的发展

交通

为了尽量减少机动化交通，生态城市理念一方面重点关注公共交通、自行车和步行设施，另一方面关注土地混合使用（住宅，零售和服务）。规

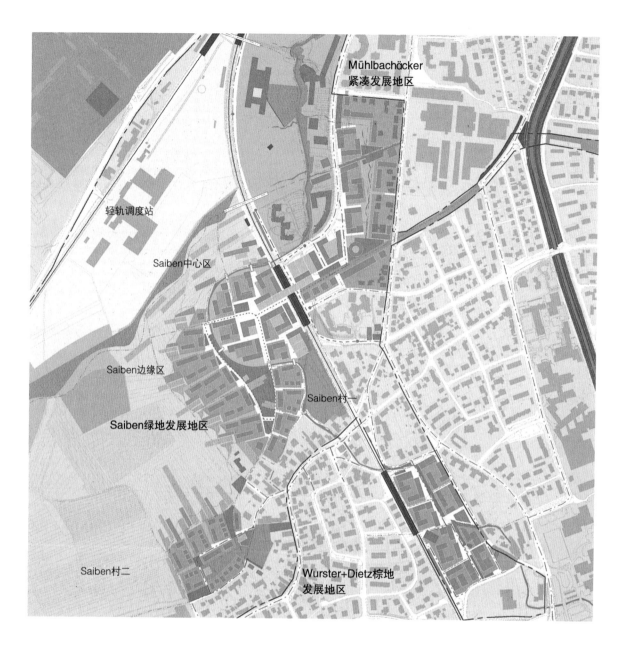

图8-20
蒂宾根总体规划

划地区交通构想的主旨是在现有铁路轨道上开发轻轨线。这是区域间网络的一部分。然而，为了保证顺利实施，公共交通系统依然还是基于巴士服务的。

依据不同规划区的特点和其在现有城市格局的位置，交通理念广泛采用交通限速，减少车辆和无车方案的解决措施。原本经由铁路进入Saiben难的劣势变为规划无车区的优势，从而避免为普通机动车交通而修建高昂的基础设施费用。无车街区的关键是尽量减少居民的车辆拥有量，减少停车位供应，缩短居民区与公交站的距离。这种基础结构要靠覆盖面广的多种服务支撑（递送服务，汽车俱乐部，良好的公共交通信息，低价的季度车票等等）。远程办公是交通管理的又一举措。通勤被电信取代，家和工作场地通过办公网络相连接。在Saiben二村计划为远程办公者设立一个区域办公区。

车辆限行区理念是，提供略多一些停车位和提供车开进或穿过街区的可能性。车辆限速区理念重点在于降低车速，增加街区景观，并不限制车主数量和停车位。在可持续发展方面，无车区优势非常明显，包括减少土地占用，降低噪声和空气污染，减少乘车距离。此外，这也提高了城市质量和绿地质量，加强了道路作为公共空间的功效和交通的安全性。尤其是再考虑到居住成本，这些定义了适合居住环境的标准。这些标准在其他城市经常可见。车辆限行或禁行区以宜居环境中具有性价比的居住条件为郊区化提供了一种另外的选择。

能源和物质流

能源总体规划已经完成，该规划符合瑞士法律体制。调整后的能源方案强调提高能效，提高可再生能源比例。这体现了城市格局优化的特征，把南向的建筑物与节能、提高标准结合起来。它包括了Saiben边缘区的被动式节能住宅和高水平系统节能效率，比如机械通风和自然通风。余下的能源需求大部分靠可再生能源解决。Wurster 和 Dietz地区首要考虑的问题是地区生物质供热网络。对Saiben区中心地带，供热方案是基于木屑粒和生物油。这些材料直接产于Saiben风景区或来源于本地区的向日葵。拟建中的建筑物显示出极高的有效利用太阳能的潜能，比如每个区域的光伏电池板以及太阳能系统。

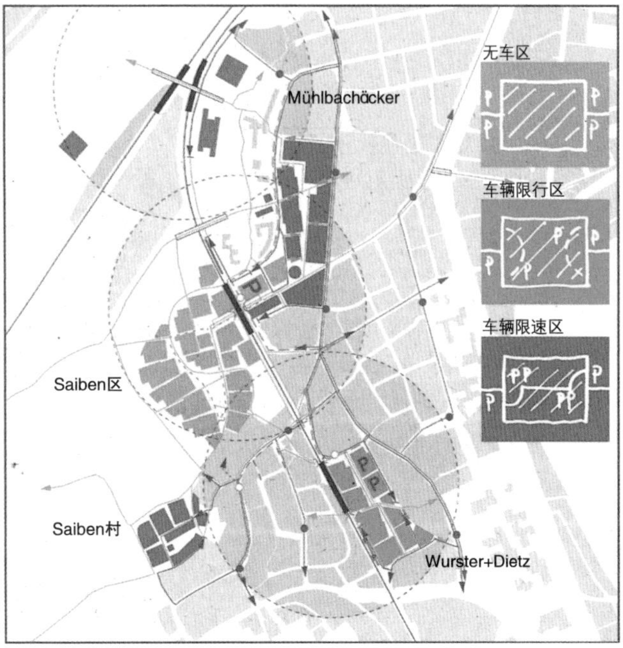

社会—经济

努力实现混合利用是社会经济领域的主要目标。该区域的各部分都已经建立起专门的社会经济属性。属性来源于对不同地区优势和机遇的分析。例如，一所位于规划轻轨站点附近的国际学校作为Saiben区最引人注目的项目已经被提上议程。这样一所与蒂宾根大学学术背景有联系的院校，将会吸引更多的访

图8-21
交通分类

无车区

车辆限行区

车辆限速区

图8-22
蒂宾根-Derendingen
生态城市愿景

问学者。社会服务设施良好的可达性一方面由新建设施保证，另一方面来源于现有设施的联系。不同地区基于不同质量、网格和使用比例的混合利用差异化措施已经确立，包括居民住宅类型，老年服务设施，混合土地使用权和商业特殊用途。

8.6.3 项目成果—关键要素

项目区位体现了棕地、中心城和未开发地区混合的特点，这就可以最大限度利用日常城市活动的基础设施。城市格局本身适合一个合理密度的理念。这将高密度，高质量的公共空间和大量的绿地空间，水处理区域整合在一起。这样，城市的舒适度预期很高。综合规划过程显示出了多学科和合作者复杂的相互作用的整体性。

不同区域的交通理念都尽可能的最大化减少机动车交通及其带来负面影响的机会，如污染，噪声，交通事故风险，占用土地，对公共空间的影响。同时为步行者，骑自行车者提供足够空间，还提供递送服务和提货点（地方物流）。

交通管理的理念支撑和强化了交通基础设施建设，使得相对于使用汽车，可持续交通更具吸引力和良好的可达性。

由于太阳能和紧凑度，城市格局非常节能有效。实际上已经超过了德国建筑物法规规定的标准。而且区域供热的应用战略是基于技术创新的可再生能源使用。经计算，温室气体排放也较低，与常规相比降低了1/3。

通过保留现有建筑物，推广使用木结构和健康耐用的材料，来降低建筑材料的环境影响。减少土方量，雨水和废水管理符合这一领域的欧洲最佳实践标准。

该区域规划中的社会经济结构保证了多样性、差异化。不同类别的建筑物允许不同的价格、所有权及出租模式。这就使得激励型的社会组合成为可能，高密度意味着房价是可负担的。出于成本的原因，优先考虑利用现有基础设施，而后修建新的基础设施。有几个特别因素的支出很必要，因为城市大部分地区都因此受益。即便在规划阶段，生态城市并没有被看作为单独的项目，而是被认为是整个城市不可分割的一部分，但是具有其自己风格。混合利用出于两个目的：商业单元经常为住宅和小型商业场所提供基础设施。尤其是，在商业网点区比在工业区收入丰厚得多。

根据蒂宾根市的社会经济发展，按照规划区域确定的人口密度，项目分为四个实施阶段。规划将从Wurster and Dietz开始，同时将于2005年举行基于生态城市导则的城市规划竞赛。

关键要素1	关键要素2	关键要素3
Saiben轻轨站	Saiben新的城市边界	合理密度的Wurster and Dietz

拥有良好可达性的公共交通站点，可以通向无车区、交通中心和集中建筑区。 　　有吸引力的双层地下铁路，拥有天气预防的太阳能屋顶、水景设计和商业用途。 　　交通中心，周围有轻轨站、拼车处、自行车停车处、修理店、太阳能棚顶、电动车充电站、社区停车场、街区物流中心、零售店。 　　无车区和连接铁路轨道的城市街区结构。高密度、混合使用，包括有吸引力的国际学院和城市农场。	稳定城市发展边界，防止未来进一步扩张。区域内有生态基础设施。 　　景观导向的庭院，拥有被动式节能房和城市物流服务中心。 　　传统风景元素的城市边缘区域，如果园草地、水源净化和渗透的生态基础设施，居民绿色场地，如运动场和花园。	在轻轨站和火车站附近进行合理的高密度、混合使用的棕地开发。 　　高密度、保留现状建筑物、借助未覆盖溪流水景设计的高质量公共空间、多网点混用以及包括集中停车、临时停车的内部中心带的限行概念。 　　太阳能导向的城市街区、区域供热以及广大的绿地和水处理区域。

8.7 温贝尔蒂德生态城

8.7.1 概况

温贝尔蒂德位于Alta Valle del Tevere河中部，Umbria山谷以北，约有15000人口，南部距离佩鲁贾（Perugia）30km，北部距离卡斯泰洛（Castello）城25km。温贝尔蒂德的发展始于公元前3世纪，以河流上游Pitulum城堡古村落的迁移为基础。在18世纪和19世纪，山坡与下面山谷中有规划的村落共同进化发展。1930年建的铁路确保了山谷中的进一步发展，

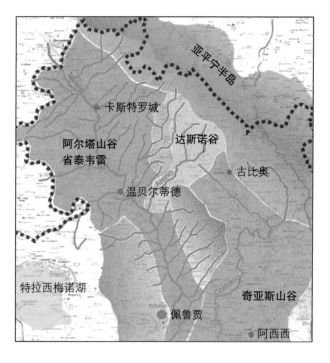

图8-23
Umbertide地形系统

其次是第一产业结构的"工人村"也在这河流附近。

近几十年来，意大利的交通运输政策一直专注于公路交通和连接各大城市的国家快速铁路网，从而削弱和边缘化了本地铁路交通。温贝尔蒂德及其周边的铁路服务已经随之下降，必须恢复和扩展，为旅客和货物提供可持续的运输方式。随着E45高速公路的建设，本地产业最近搬迁到离合适的基础设施更近的地方，——从而为可持续发展、住宅的开发提供了一个合适的位置。

任何城市或农村发展的可持续发展都需要以本地特色经济为支撑。传统的橄榄树、酒、谷物和最重要的烟草种植已成为当地经济和繁荣的核心。在温贝尔蒂德，工业主要是中小企业，都以农业为创造利润主要来源，主要面向生产环节，往往与食物的种植、加工、配送和储存相联系。根据温贝尔蒂德在20世纪90年代以来推行的"可再生能源运动"来看，农业和工业部门有巨大的生物量和生物能源的生产潜力。

8.7.2 项目介绍

温贝尔蒂德总体目标和原则是在城市化过程中通过紧凑居住区格局的发展来防止城市扩张。现有的城市格局和建筑类型启发着新的具有气候响应功能的城市规划。此外，现有的传统交通运输结构，会在"城市舒适性设计"的流动性中被替代，并且被整合到新的可持续发展区域和城市轻轨的基础设施。

包括建筑师、规划师和区域铁路的代表、温贝尔蒂德市政府和社区委员会在内的意大利生态城市的合作者，已经就主要的可持续发展指标的问题，组织了几次研讨会。在社区规划过程中（包括公民），温贝尔蒂德生态城市项目最重要的准则也被选出。35次研讨会与会者普遍认识到，实现"可再生能源城市"，要在实现了"行人，自行车和公共交通的城市"，"生物气候舒适的城市"和"文化认同和社会多元化的城市"之后。随后其战略选择是实现生物气候的城市和建设措施，生物质能区域供热，混合土地使用和轻轨的实施。

城市格局

根据对历史和农村元素的相同规则，景观和水文网络融入城市项目。在一个封闭循环的系统中蓄水和灌溉，天然的绿色结构，运河和小湖泊融合在一起。绿地、水和风，填补了城市空间，从自然绿色的salotto（一个室外的客厅）到建造的广场和街道，为居民提供一个连续的私人和公共网络。

本区域没有最适宜的微观气候条件，所以只能在现有气候条件下努力使生态城市项目获得最大可能的舒适性。为了让居民生活幸福，需要采取一系列措施改造局部地区，以便实现生物气候效益，减少排放和控制大气环流和噪声。

图8-24
小气候和城市住区

这些方面共同构成了"城市舒适性"，并作为城市设计的主要出发点，确立为新的可持续的交通格局。

第一个目标是通过跨越河流来自山坡方向的空气流动轴线创建城市格局骨干。这是按照现有城市格局方向来设计的。因此，主要的生物气候轴线引导风从河流公园开始，由南向北到火车站，最后到9世纪的城市中心。历史生物气候主线引导风从城市新区A到Borgo Minore。其他两个剩余的通风廊道从B区到现存的"工人村"（莫利诺）道路，以前的卷烟厂和现代化的城市坐落在那里（见图8-25）。

城市肌理的设计包括系统的建筑物围绕一个共同的外部CORTE（庭院），这种设计来自古罗马多莫斯（典型的罗马排屋）。有3种不同的建筑类型：公寓，独立式房屋和排屋。在建设系统，如组件技术、高度、密度等方面的差异，取决于当地特定的微观气候。

结合河流公园的新城市居住区规划，应该尊重现有城市密度水平方面的特点。现有建筑物的高度，公寓数目，建筑类型和紧凑的地区将被作为持续的城市进化过程中的参考点。此外，开放空间的几何形状和大小与建筑物之间的相互关系和界限，已经利用FLUENT软件（计算流体动力学模拟）进行了优化。这使得城市的舒适性和相对密度的水平得到规范。

商业和公共服务将与住宅功能进行混合。前两个是位于主要建筑物的底层。他们将围绕生物气候轴线的主要点，沿着城市绿化salotto，中庭建筑（见下面的说明），或在改造后的前卷烟厂的多功能的开放或室内空间。

新居住区规划（区域A、B、C）
128189平方米，人口1245人
（约478个新居住单位）
总共63亩

区域A Borgo Minore居住区规划

区域B 住宅混合用途开发

区域C 火车站、商业与烟草区

D 中央生物气候绿色Salotto

主风廊

自行车与人行道

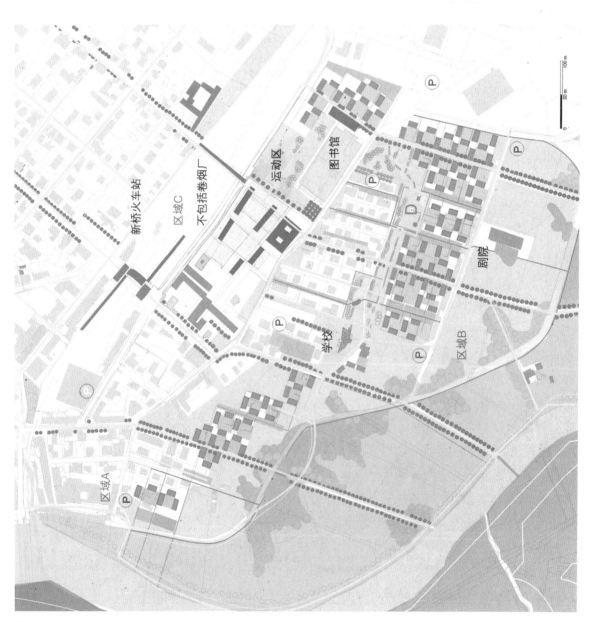

新桥火车站

区域C

不包括卷烟厂

运动区

图书馆

剧院

学校

区域B

区域A

图8-25
Umbertide总体规划

图8-26
umbertide：新的
流动性结构

城市公交 ······· 废弃物运输 ■ 公共停车场 —— 南北生态廊道 —— 河滨公园的
线路 线路 的人行道 自行车道

通往工业园区

　　最初形成的城市格局和景观是古罗马centuriatio特有的（规则的网状排水和灌溉沟渠网络）的几何形状。现代城市格局按照规划也将与水系统一致，涉及水的收集、分配和排放。Tevere河改变流向并与Reggia河交汇，形成了一个关键的洪水点。因此，流域管理局规定了城市扩展的边界。

　　从城市肌理分析到建筑类型学，都将CASA CORTE（中央庭院的房子）作为意大利当地住宅。这种结构类型阐明建筑物围绕两个基本系统。首先是中庭，这一建筑学定义的空间发挥着雨水储存的功能。二是peristilium，一个更大和更开放的空间作为菜园使用。在高密度的城市，这些系统不仅是对高密度城市紧凑发展的一种回应，而且也代表更有效的生物气候体系。即使最初的形态在过去一个世纪已经转化成"中产阶级别墅"，最后变成了"上层阶级别墅"，原来的概念及其基本特征仍然保持不变。

交通

　　交通的首要目标和原则是尽可能不使用私家车。温贝尔蒂德生态城市项目跟传统汽车道路格局导向的城市规划不一样，它根据生物气候通风廊

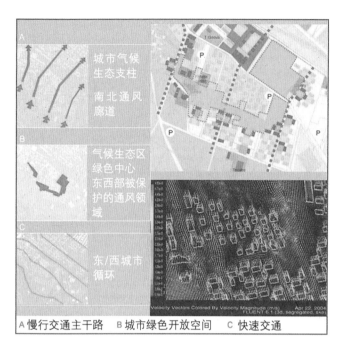

城市气候
生态支柱
南北通风
廊道

气候生态区
绿色中心
东西部被保
护的通风领
域

东/西城市
循环

A 慢行交通主干路　B 城市绿色开放空间　C 快速交通

图8-27
与风流动一致的流
动结构（通风）

道来统一规划，这个廊道也被用来作为人行道，自行车道和公共、半公共的和私人开放空间。

这一项目在与铁路公司和温贝尔蒂德居民合作时，提出了一个新的、高效的轻轨铁路方案，并且与全国铁路网的互联，以替代现有的效率低下的铁路网。此外，温贝尔蒂德将建一个新的火车站。

为改变目前的分散模式（温贝尔蒂德80%居民出行依赖私家车），规划提出了三个阶段的项目建议，并且允许逐步过渡到"长期方案"。在最后阶段，私家车的使用将降低到10%左右，出行将由火车（50%），其他公共交通（20%）和骑自行车或步行（20%）代替。

与生物气候舒适性一样，多种交通模式也是该项目的突出特点。可以识别不同类型交通模式，如快速和慢速交通模式，并有其他分类，如"专一空间"（如基于人们共同目的的大型道路，）或"开放空间"（用于不同目的并且其不以速度为主的空间）。可以看到，"专一空间"按外部环城公路设计，在这里生物气候效率重要性大大降低。"开放空间"是由私人或者半公开的庭院构成，公共广场和多功能区以及"城市绿色salotto"在舒适度和审美品质上得到了优化。在这儿，更多关注的是结构细节、材料和生物气候效率（眩光、朝向、防晒、风能等等）。他们是沿着南-北生物气候轴线和建筑之间形成的风廊构建的。

能源和物质流

温贝尔蒂德是地中海气候，拥有温和多雨的冬季和炎热的夏天。在夏季的几个月，微风从南部、东部和西部周围的山脉进入城市，给建筑物提供天然空调。在其余季节主导风向是西风或北风。

温贝尔蒂德居民作出关于能源的战略选择，使得生态城市总体规划选择了利用被动太阳能房，高能源效率和可再生能源。最重要的优先事项为两点：第一，城市集中供热；第二，城市空间和建筑物的冷却功能（包括自然的）。

可持续太阳能房的能源目标是根据意大利"卡萨克利马（Casa Clima）"认证概念设定的。设计的建筑形态使用3个烟囱方案（两个进气，包括一

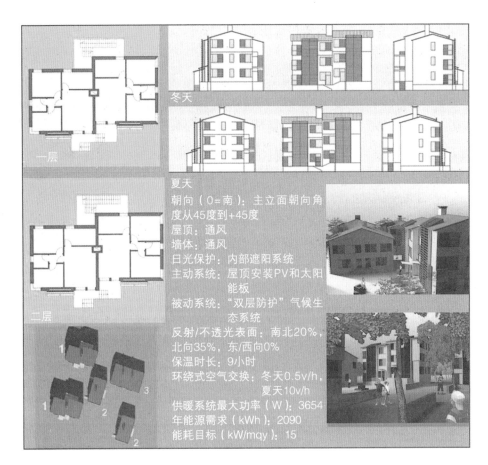

图8-28
新的建筑类型

个对流环路系统和一个排气系统），通过自然通风提高室内舒适度，通过被动式太阳能采暖和制冷系统，优化能源和生物效能。其余的能源需求将由覆盖全区的供热网络提供，它们燃烧由当地企业利用现有农业生物质生产和转换成的木球。这种建筑，与现有的意大利建筑标准相比，可节约能源75%，减少二氧化碳排放73%。

爆破的碎石，道路的开挖材料和河流的砾石等材料将用于美化环境，建设操场和作为新建筑物的再生材料。

水系将会遵循古代城市的肌理：小坑塘、运河以及公园内的河流代表着天然水网络的痕迹。在新的居住区，水循环开始于每个中央井的雨水收集，然后流进私人的"菜园"，沿着行人和自行车道进入建筑，最后以污水和废水的处理结束了这个封闭的循环。

社会—经济

温贝尔蒂德起初是一个由农业包围的中小型工业城市。然而，随着一些工业的重新布局和潜在的工业振兴以及修建铁路，在项目区域产生了住房和商业用房的需求。随着建筑物和物业的升值,激发了人们的兴趣,创造一个商业和沿铁路沿线混合使用的城市节点,并用主要的人行路连接新区和现有老城区。

火车站将成为商业和交通换乘的中心节点,将产生新的土地用途和提高建筑物的价值。生态城市项目能增加规划区的就业人数。

现有铁路网提升为更高效的轻轨线路将产生一个新的城市中心。这种新的多功能"桥站"——拥有一个停车场、两个观光电梯、商店、信息中心、人行道和区域间的自行车道——将作为整个城市和新区之间的社会和经济基础设施。

占地271890m^{2}的滨河公园,改造后的农村有机农场,湖中现有的"工人"剧场,文化中心、图书馆和运动场将提供一个有吸引力的社会和休闲设施。

为符合城市北部的土地利用、商业和混合利用空间格局,新区的街区以"中庭庭院"为主,混合使用的商业,服务业和公用设施都沿着主要生物气候廊道布局。此外,小学,健身房,儿童游乐场,咖啡馆,茶室,比萨店和社区中心将沿着城市绿色"salotto"形成的城市舒适区布局,使其成为现有的"工人村"和城市新区之间的连接中心。

8.7.3 项目成果—关键要素

关键要素1	关键要素2	关键要素3
整体的城市有机体	**历史,微观气候,城市和建筑类型**	**无车区**
生态城项目为专家、本地管理者和公民之间提供了"生态对话"的好机会。重视生物气候和交通问题,可以以一个更加新颖的方式增加集体意识和一些战略选择。 创新的目标是一个全面综合的城市对气候和城市交通问题集成的解决方法。 作为一个新规划的文化概念,聚焦于城市舒适性,意味着城市规划学科的重大变化	场地分析源于"为城市研究"。这些研究承认城市和周边地区作为一个长期存在的全面有机体,这是一个关系到使用、技术和形态的不断进化的过程。 这一理念衍生为"生物建筑"和"生态城市",形成了项目的基础。因此,历史、气候、城市肌理和建筑形态是生态城市设计的主要基质。 该项目的一个创新是首次应用FLUENT系统(计算流体动力学模拟)于城市和建筑开放空间规划	不同于传统的城市规划(沿主干路布局),生态城项目是根据生物气候通风廊道组织的,这也被用于人行道和自行车道。 多种交通方式,是真正的项目核心,事实上,它在主轴线结构上提供了为行人和骑自行车的交通和公共、半公共和私人开放空间建筑设计。 多种交通方式成为基本框架,它分为快速和慢速模式,阐明了相互关系

第9章　生态城市案例的经验借鉴

本章介绍生态城市项目的主要结论。重点是评估生态城市区位概念，以及讨论不同学科领域的各自结论。此外，本章也将讨论城市可持续发展的障碍和成功因素。这些内容是在区位概念的规划期间，基于生态城市合作伙伴的经验得出的。

9.1　生态城市: 理想居所的愿景和挑战

生态城市的建设理念非常有吸引力，但也很复杂。一方面，生态城市的愿景（见第2章）作为一个规划示范居住区的基础，包含很多有吸引力和重要的理念，如居民生活质量和最大限度与自然协调发展等。另一方面，就其性质而言，愿景和规划包含一些乌托邦的元素，即使规划过程有明确的实施导向需求，我们依然很难预测规划是否可以实施以及将实施到何种程度。尽管如此，可持续（城市或其他区域）愿景和概念，为人类社会发展提供灵感和方向。因此，它们在保护人类长久生存和发展所需要的健康、多样、均衡的自然环境方面发挥着重要作用。

生态城市示范区（见表9-1）各自性质、规模、环境和气候条件各不相同，表明生态城市愿景与实践并不依赖于特定的区域。

表9-1
七个生态城市示范
居住区的主要特点

	巴特伊施尔	巴塞罗那	杰尔	坦佩雷	特尔纳瓦	蒂宾根	温贝尔蒂德
居住区的特点	新区开发	城市更新	棕地开发	新区开发	旧城更新，开发棕地	新区开发和棕地，提高城市密度	新区开发、棕地开发
当前居民	10	2200	0	30	2500	4000	900
未来居民	2100	1790	11650	13400	3000	3300	1350
社区大小	14000	1500000	130000	200000	70000	85000	15000
项目倡议	外来规划者	居民	市政府	市政府	未知	当地规划者和市政府	外来规划者和市政府
规划时序	生态城市项目启动	生态城市项目开始前已经开始	生态城市项目开始前已经开始	生态城市项目开始前已经开始	生态城市项目启动	生态城市项目启动	生态城市项目启动

除巴特伊施尔之外，所有居住区被划为发展区，这也是最后的实际结果，有些规划甚至与生态城市项目一起开始进行。因此，生态城市项目并没有像挑战公认标准和提供不同解决方案那么显著地影响规划进程。在一

些城市，生态城市理念直接纳入城市规划过程，而在其他地方，制定了基于生态城市理念的替代方案，从而引发新的讨论，并导致长远的变化。此外，一些城市使用生态城市标准作为城市规划竞赛和/或发展的基本指引，生态城市的理念在地方和区域层面（例如巴塞罗那）开始作为参考或示范。

总体来说，生态城市项目在所有涉及城市中，甚至在生态城市居住区理念可能无法充分实施的情况下，挑战了城市规划方法和发展的路径。这种对固有观念的挑战通常是从发起者开始，然后影响到其他关键参与者，虽然在这个过程中涉及的每个人都在某种程度上反映出他们通常的做法。表9-2提供主要领域的概述，可以看到生态城市方法促进了现有进程、意见和规划条件的反思或重组。

表9-2
生态城市对当地城市规划和发展的挑战

城市	生态城市挑战……
巴特伊施尔	· 城市政府及决策者关于城市扩张方面的自我定位 · 居住区居民
巴塞罗那	· 当地的规划系统（→当地其他项目的派生影响） · 原计划和"漂绿"传统项目的倾向
杰尔	· 本地开发商 · 居住区居民
坦佩雷	· 在城市规划竞赛参加者和评审组 · 当地的决策者和管理者
特尔纳瓦	· 市政府的规划能力 · 当地和区域城市规划预算 · 棕地区域的居民
蒂宾根	· 政治决策者（→密集化和未开发区消耗的决定） · 参与研讨会的公民和其他利益相关者（→共识发现）
温贝尔蒂德	· 规划师、专家和决策者 · 城市规划的本地文化

尽管在规划结束时7个城市签署了意向声明来实施生态城市概念，但是实际的承诺却不尽相同，一些从监管生态城市总体规划过程，一些根本没有参与该项目。国家间有关城市可持续发展的法规也差异较大。例如，关于新建住宅的能源效率、私家车停车设施要求及各类提高可持续性的公共和私营部门的补贴（如公共交通投资或创新的家庭供暖系统）。在需求和选项比较先进的地方，对仅满足国家标准的项目不得使用生态城市的名称，这个名称仅限于那些实施的比法律规定的还多的项目。在缺乏标准和要求地区，该项目应是一个很好的机会，可以更加关注在传统规划过程中展示达到生态城市标准的过程。

9.2 生态城市区位概念的事前评估

9.2.1 预执行情况的评价

在生态城市项目框架内，城市可持续发展理念的评估是一个实验。通常情况下，评估可基于实施过程中的信息和居民用户的行为，例如公共交通和私家车的实际使用，生态城市中城市理念或创造就业机会的功能。然而在这个项目中这些方面无法进行评估，因为开发活动以区位概念的完成而结束。与此相反，评估是开发质量保证体系实用工具的第一步，如"生态绩效"，在规划阶段也可以应用。评估侧重于规划过程和生态城市的概念，确定方向来考量距离实现生态城市目标还有多远（见第2章），有益于判断理念的长处和短处，以不同方案确定的首选方案，并获得连续规划阶段的任务。

根据需要，在规划阶段的概念评价必须部分基于假设（例如，在模式分割的情况下）。这些通常基于可比的情况（例如在另一个地区的可持续定居）或现有的趋势（例如在考虑中的社区或地区的私家车的平均使用）。然而，其他问题如社区参与，已经可以在规划阶段结束时对概念和实现水平进行评估。

9.2.2 评估工具

标准和指标	
城市格局	**能量流/物质流**
建筑密度	能源效率
住区选地址	能源需求
功能混合	温室气体排放
公共空间	建筑材料
风景区	土方移动
城市舒适度	水资源管理
综合规划	
交通	**社会经济**
提供基础设施	社区参与
模式类型和二氧化碳	社会基础设施和混合利用
可达性	经济基础设施
用户友好	有关工作人员问题（就业）
安静	利润率（成本）
提供停车位	

表9-3
生态城市评估方案的核心标准和指标

根据生态城市的主要目标（见第2章），选择一些核心指标和标准进行生态城市方发展的方案须评估，以确定有关城市可持续发展的方向（见表9-3）。这些指标如何评估的相关信息见第6和7章。

145

生态城市的经验表明，某些指标（如建筑密度或社区参与）比其他指标更容易评估。然而，从项目开始就进行评价非常重要，因为这样有助确定建设项目的总体规划目标和优先事项。此外，这样也能确定后来的区域改善。而且，在规划过程中的定期评估和监测是建立像欧盟生态管理和审计计划（EMAS）的质量保证体系的一个先决条件。为了允许在整个规划过程和实施中进行持续的评估，生态城市评估方案必须不断调整，以适用于一个项目的所有相关阶段。由于目前计划要在规划阶段结束时评价，这要求调整目前指标并制定新指标。

各项指标的进一步完善需要重视各自重要性，确定基准论与目标论，并找到合理的数据收集和分析方法。以下措施将有助于实现这一目标：

- 从一开始明确界定每个指标需要的具体数据，减少规划完成后收集数据的需要；
- 减少指标的数量（但不能省去城市可持续发展的重要方面）；
- 通过审查基准，使指标更加稳健。

9.2.3 评价结果

生态城市项目评估的一个关键问题是有关理念和规划进程的信息收集。由于没有独立的机构进行评估（"外部评价"），不得不由生态城市的合作伙伴来进行（"内部评估"）。其中参与这一过程的有：规划师、管理者、专家、城市设计师、建筑师、公民、科研院所和高校。此外，由于只能在项目过程中制定评估方案，那么在规划结束前，评估的准确数据要求是未知的。这就使得一些数据的收集显得比较困难。因此，所提供的数据是有差异和不完整的。

本书没有展开对将超越这本书的范围，生态城市评估过程中每一项指标结果的详细情况和这些结果影响进行阐述[1]。因此，基于简化的原因，这里只对个别概念的主要优势和不足进行了总结（表9-4[2]），没有深入讨论或进行比较评价。这些优势和不足需要在一些地点的概念和规划进程的背景下展现。因此，强调分值并不一定表示一个项目的质量一般。因为首先，各指标的重要性不同，其次，不能排除因缺乏信息，某些优点或不足不被评估的可能性。

---

[1] 评估过程的更多信息可以在第6、7章，以及在项目网站上交付12的生态城市项目中找到。

[2] 表9-4是以领域评估组的输入为基础的。它涵盖了城市规划、交通、能源、物流和经济社会领域。

表9-4

各项目选址方案与规划过程的优势与不足

	优势	不足
巴特伊施尔	· 高比例的太阳能建筑 · 具有极高密度的新的次中心（→多中心聚集） · 提供良好非机动车交通模式 · 使用集中停车场作为对公路交通的隔声屏障 · 高水平的保温隔热 · 利用可再生能源的供暖 · 本地的建筑材料、土方和水管理的详细概念 · 短距离和基础设施，提供日常需要以及更多	· 太"理想化"（→会产生实施问题） · 基于规划小组提出的新轻轨线路（→好主意，但执行有不确定性） · 社区参与较少降低整体规划方法 · 生态城市区域与周围的建成区差异很大
巴塞罗那	· 具有广泛社会参与的整体规划方法 · 对当地的基础设施具有高密度和良好可达性的城市更新项目 · 保护现有的绿色空间格局 · 高水平的生态健全的城市舒适度 · 发达的社会观念（当地社区保持不变） · 改善现有的城市格局 · 对既有建筑物的拆迁、再利用和回收进行了详细规划 · 创新水资源管理的理念：分析和优化现有的水循环；绿化区的管理；灰水的回收；游客中心	· 位置不太适合骑自行车（→地形；基础设施） · 当地的生态城市参与的过程需要停车场规定的标准水平
杰尔	· 在有吸引力的位置中的棕地项目（→靠近市中心、绿地和河流） · 高于平均水平的建筑密度 · 道路基础设施的使用效率 · 混合使用区域，作为城市中心的延伸	· 对停车场有太多的规定，甚至在无车区 · 建材、土方开挖和水管理的理念缺乏 · 有关街道和公共场所方面缺少层次
坦佩雷	· 短距离的绿色空间 · 保护生物多样性和将自然融入城市概念（→"花园城市"） · 考虑气候条件（→冷空气池、遮阳区、防风区） · 良好的公共服务理念 · 建筑设计竞赛 · 经由决策者讨论的轻轨系统 · 集中式热电联产系统 · 良好的保温隔热水平 · 项目的广泛公众讨论 · 评估和保护自然水循环系统	· 太注重实施（→质量问题） · 居住区选址不佳（离现有的城区太远）导致如城市扩张和交通问题 · 低密度→城市扩张 · 低质量的社区参与 · 太多的私家车基础设施和公共交通获得性不足
特尔纳瓦	· 在有意向建立新绿色区的历史悠久的市中心/接近市中心的棕色地带开发的有利位置 · 有关现有结构的两个主要的行人轴 · 良好的公共交通建设的现有比例 · 适应和再利用现有（工厂）建筑物和（水处理）植物 · 在历史悠久的水管理系统中考虑到流动的振兴	· 糖厂区域：新的居住区结构的特征，而非部分低密度的非结构化、分散的特点 · 太阳能建筑比例不高 · 过多地提供停车场
蒂宾根	· 整体规划的方式，包括广泛参与 · 接近市中心的棕地、未开发区和部分市区重建的混合 · 具有高品质的园林绿化、公共场所和水设计的高密度组合 · 通过高效节能的城市格局和使用可再生能源系统，减少能源消耗 · 选址和远大的可持续交通方式保障无车的生活方式 · 建筑材料、土方开挖和水管理的详细概念（创新：在人口稠密地区的污水净化）	· 过度依赖该地区规划的轻轨线（→理念很好，但不确定能否实施）

	优势	不足
温贝尔蒂德	• 接近市中心和火车站的棕地、未开发区和部分市区重建的混合 • 有发展潜力的可再生能源系统（热能） • 应用有关城市舒适度的先进规划工具，形成绿色廊道和生物气候建筑类型 • 公共空间的清晰层次 • 在本地范围内发展的无车区的目标 • 自然冷却系统 • 全面的社区参与 • 考虑到自然的水循环和历史悠久的水管理系统	• 无车概念阶段的实施方法是不明确的 • 只有中等密度，因为有宽的绿化带和通风廊道

9.3 专题领域总结

以下各节从规划过程涉及的学科以及区位概念的角度得出主要结论。许多结论证实了原来的工作假设和研究成果，构成了"准则"的基础[①]。主要结论包括城市格局、交通、能源、物流和社会经济。

9.3.1 城市格局

建设生态城市与社区的第一步是适宜的选址。拟选择的区域应该尽可能具有社会、文化和经济基础设施，可以提供附近工作场所。这意味着本区域或附近小区必须有日用品商店、学校、幼儿园、服务、工作、休闲活动等设施。同时，此区域也应适合构建一个多中心的城市格局。如果居民需要上下班或旅行，他们能够依靠环保的交通工具。对于沿轴方向发展的城市，应特别重视轨道交通的建设。

生态城市规划师另外的一个主要议题为负责任地进行土地利用规划，防止城市蔓延。生态城市项目得出的结论是，选址必须考虑到城市内部的发展，以及现有的或计划中的公共交通基础设施。一般来说，应该优先考虑位置良好的棕地和城市内部的发展。然而，如果市区无法满足新住房的需求，或者如果未开发地区能与高品质循环路线、高品质公共交通系统和明确界定的生态和社会目标相结合，那么考虑未开发地区的项目也是合理的。

集约和紧凑的住房格局是创建生态城市的一项重要工具，因为它们可减少土地消耗，使步行距离更短，能形成良好的公共交通服务，也是经济上可行的区域供热系统的先决条件，可以促进社会交往和降低基础设施建

---

① 也可参阅第4章。

设成本。由于城市密度取决于用途、区位、社会、文化因素和气候条件，生态城市案例研究体现了多种不同的密度，其中大部分可以在当地贴上"高密度"的标签。因此，建议在考虑本地实际情况下尽可能地对密度进行调整。目的是能够实现一个生态、经济和社会均可接受的密度水平，即"合理密度"——将建筑布局与高效的城市能源结构、充足的景观环境和可持续的技术相结合（如使用太阳能）。

城市可持续发展的另一个核心问题是要建立满足不同用途的混合居住格局。这意味着把生活和工作结合在一起，并规划各种功能，包括文化和经济基础设施，避免单一功能城市的缺点。在生态城市项目中，功能多样的城市格局在所有案例研究中起到了重要作用。生态城市案例研究以混合使用区为特征。此外，还包括在楼层、建筑物①或街区层面上混合使用的高密网状格局。

对于生态城市的绿地，即使在人口稠密的建成区也可取得良好成效。除自然植被地区之外，建设水域、种植行道树，以及屋顶、阳台和外墙绿化，可用来作为将自然引入城镇的途径。大多数选址理念也保证了人们可以紧邻用于社会活动（如体育或娱乐）的大面积绿地，这有助于减少交通需求。然而，这些目标在市中心和历史遗产地区更难以实现。由于气候炎热，在欧洲南部的生态城市概念青睐于更紧凑的、建成环境和户外绿地差异较大的城市形态。而在欧洲北部国家，居住区布局了更多绿地。这一领域的创新方法是在棕地景观重建时，将都市农业融合到生态城市理念。

生态城市的公共空间与常规项目相比，具有更高品质。生态城市规划师建议，公共空间应有很高舒适性（例如，通过水体）和多样性（如大小、功能和空间布局）。社区参与在规划阶段和后评估中是一个重要议题，能确保市民接受与认可解决方案。同时，根据居住区的地理位置，生态城市项目应该考虑到一些其他因素，如冬天防风和享受日照，夏季防晒和自然通风，只有这样，才能最大限度提升城市舒适度。

9.3.2 交通

生态城市中社区的交通组织，与既有的交通系统和当地城镇交通文化紧密相关。特别是在邻里层面上，人们大部分出行只是进出或通过该区域，

---

① 建设水平上的混合使用，是指将如地面楼层的商店或其他商业用途、中间楼层的办公室和较高楼层的居民住宅相组合。

而不是只在邻里单元内活动，但在生态城市里却不是这样，因为生态城市有更完善的多功能混合格局，能满足人们的日常需求。然而，大部分游客仍然会依赖在生态城市规划过程中不能直接影响的交通服务和基础设施。因此，生态城市的交通概念应以现有的服务和设施为基础，同时改善不足。这样它也可以把城市或地区作为一个整体来考虑。

就七个生态城市的选址规划而言，人员和货物运输的概念，一些集中在以铁路为主的公共交通和改善公交设施。它们包括无车和降低汽车使用的建议，也包括提供传统的个人机动车交通工具，外加对非机动车模式有吸引力的便利设施。在某些情况下，本地收集配送的物流理念也考虑在内。改进交通方式和提供信息共享，在一些方案中已被提出，例如拼车俱乐部和公交的季票。

同时，应该明确的是每一个新概念必须适应当地条件，如无车住区或给骑自行车者提供更好的便利设施，不能在不考虑实际情况下简单地实施。在所有情况下，生态城市的交通理念应体现对该地区传统交通模式的改善。然而，实际情况千差万别，所以实现可持续发展的绝对水平也差异巨大。从生态城市的角度来看，一些案例中私家车的需求在某些情况下仍然很强烈。

规划和评估过程还表明，在国际环境中，用于交通和基础设施和服务的术语差异很大。例如，"无车"术语，就被一些规划师将其与不允许车辆通过的区域相联系，然而其他人将它描述成一个积极支持减少对汽车的使用和拥有的生活方式。此外，可用于交通规划的可持续性评估方法非常少，而已有的这些工具与其开发时所处背景环境有很大关系。因此，很难让它们适应一般性生态城市规划过程和不同生态城市的具体情况。

因为缺乏普遍认可的方法，缺乏基准的问题也随之而来。目前有许多关于二氧化碳和噪声排放的国家和国际准则，但很少有停车场供应、自行车基础设施或公交服务的"可持续水平"的基准。原因之一是一些交通系统的可持续水平取决于如何使用它，而这又受到更多基础设施供给的影响。

9.3.3 能源

七个生态城市规划方案都提出了改善当地能源基础设施方法。如果实施，将有助于减少该地区的能源需求和消费。然而，大多数的概念依赖于新的能源供应系统，很少考虑对现有系统的升级。如果现有系统不支持可再生能源解决方案，那么这可能是一个合理的做法，但是应牢记的是新系统可能非常昂贵，因而不具有经济的可持续性。

有些项目的缺点是没有将能源因素纳入不同规划和设计阶段进行考量。因此，能源供应链有时相当薄弱。生态城市项目的成果强调了一个事实，即一个可持续发展的能源基础设施需要最佳的城市格局①，例如，考虑到人口密度或建筑朝向。

基于可再生能源（木残渣、木屑和锯末）的小规模联产系统（联合生产热能和电能），除了巴特伊施尔之外，其他示范区都没有采用。此外，成本高是光伏发电或风力发电的一个难题，在没有阳光或风的时期需要额外的备份系统。在这些情况下，后备电力通常由国家电网提供，这主要来源于非可再生能源（核电、石油、天然气和煤）。可再生能源的使用依赖于政府或其他方面的补贴，这突出了可再生能源的重要性。然而，这种依赖性反而对可持续的能源供应系统是否可以建立在没有补贴或法律规定的情况下产生了疑问。

9.3.4　物质流

物质流的问题从一开始就被整合到生态城市的开发中。原因在于，规划过程的早期阶段采取的关键决策（如项目的位置或规模）对材料的需求和废品产生起着决定性影响，这两者应该被优化，以达到高水平的可持续性。而一旦设置了项目的基本参数，那么随之而来的是主要物流的详细评估（如建设材料②，包括挖出的泥土的建筑废物，以及饮用水和废水）。

生态城市项目的结果突出了当地水资源管理的重要性（例如水和气候条件的可用性）。只有掌握地区用水需求、自然水循环（包括地下水）以及污水和废水系统的信息，才可以制定有效的可持续的解决方案。为了减少对饮用水的需求，7个示范区均采取相关措施，如雨水收集、节水装置、中水系统和绿地管理等。水污染防治也是规划过程的重要因素。

挖出的泥土是城市开发最重要的物流之一。7个示范区包括挖掘和回填地区的定量信息。此外，还列出土壤再利用采取的措施（再充填、混凝土骨料、隔声屏障、游乐场和环境的美化）。一些规划师通过修改地下空间方案，从而降低土方开挖量和建材的数量。在生态城市示范项目中，选址方案就包括减少新增建材需求的措施。主要包括以下具体措施：对场地内建

---

① 在可持续发展的背景下，最佳化应该被理解为一个动态变化的进程，而不是一个静态的概念。此外，最佳解决方案是前后联系的，这就意味着它们考虑到了当地情况。

② 重要的是要注意建筑材料的初级能源需求不是建筑物的能源消费总量的一个重要指标，因为大部分的能源需求来自城镇居民家庭的供暖、空调和个人交通工具。

筑物进行再利用或回收，发展紧凑的居住结构，减少地下室面积，减少驾驶区（如道路和停车区），使用轻型结构和重新利用挖出土壤（沙砾和石头）。此外，应强调使用环保型建筑材料的理念（可再生材料、可回收材料和本地的材料）。

9.3.5 社会—经济

从社会角度看，可持续发展需要满足人们的基本需求（如食品、住房、可获得教育和劳动力市场、文化活动和娱乐），照顾弱势群体，提升精神文明和社区意识，维持良好社会环境（如民主、社会参与和协商一致的目标）。至于经济方面，可持续发展需要高层次的生产力和创新能力，有多元化和能够抵御危机的地方经济。这包括高品质的教育研发以及充满经济活力的中小型企业。与其他领域一样，对可持续发展问题的认识也是社会经济领域中的关键因素。

至于社区参与方面，7个示范区有很大差异。就概念的内容而言，所有的案例研究表明，它们的社会基础设施和社会混合度要高于当地平均水平，并满足建立适合混合使用居住结构的需求。同样，创造本地就业机会一直在所有项目的议程上。关于生态城市的营利能力，参与者难以提供具体的数字。

项目结果说明了这样一个事实，即与其他任何城市或城市的一部分一样，生态城市不得不在不同的价值观和利益之间进行折中。它不应该留给专家和学者来找到妥协方案，因为他们最有可能是用自上而下的方式实施的技术层面的解决方案。而最后，生活在那里的是当地居民，是他们去感受城市是否宜居。这就要求城市规划师和其他部门专家保持谦卑，他们的任务是提供信息和开发替代品，这要求允许目前或未来的居民讨论和决定有关项目。在大多数情况下，这种做法将导致修改规划方案。同时，要在政治层面上采取最后决定，因此，决策者也应从一开始就参与进程和讨论。

从社会经济观点来看，不同的技术和社会经济标准本身并不是终点，只有当决策者和公众理解和接受它们，它们才将形成预期的效果。同时如果不能正确地沟通可持续发展的重要性，或者这些方法或解决方案没有得到公众的支持，那么就没有机会成功地实现，结果也不会是一个生态城市。

被忽视的另一个关键点是与城市可持续发展相关的经济方面的考虑。像社区参与一样，财务方面和创造新就业机会是对项目的一个实践检验。这突出了乌托邦式的设想和为实现项目的城市规划之间的差异。然而，由于城市和经济发展之间的复杂关系，以及经济的快速变化，不可能找到一个持久的混合用途。因此，对变化的较高容忍度至关重要。此外，现在似乎是很好的组合或面向未来的经济领域，明天可能就变成了死胡同。因此，生态城市的经济和社会结构必须是灵活的，包括潜在的变化。

9.4　城市可持续发展的障碍和积极因素

在7个示范区规划阶段，生态城市的合作伙伴也面临一些发展障碍，导致生态城市远景目标难以实现。同时，也有一些积极因素。下面内容进一步阐述这些障碍和成功因素。同时，要注意的是所有情况下，遇到的障碍和积极因素都是同时存在的。综合的结果或者是其中一种因素主导，取决于规划的具体情况。

还应当指出，法律要求方面的考虑没有在这里阐述。在一般情况下，它们既可以是城市可持续发展的障碍，也可以是积极因素。传统的建筑法规（如提供停车位的需求）的存在可能会加快生态城市理念的实施（如无车区和生活方式）。国家的法律，如建设和土地利用立法，是环境和社会政策的一个强大工具。如果明智地应用它们，可以帮助增强可持续发展的水平。然而，由于这些要求在不同地区之间差异很大，所以不能做出对它们的影响及成效进行普适性的总结。

9.4.1　城市可持续发展的障碍因素

生态城市概念是城市规划领域的新范式。由于它挑战了传统的规划原则、问题和行为，因此经常遭到怀疑或甚至碰到阻力。仔细考察生态城市项目规划阶段城市可持续发展的障碍应该非常有趣。应当指出，这些障碍可能与新建城市小区以及现有小区的调整（另有说明的地方除外）有关：

- 就公众而言，与可持续发展相关的价值想法没有得到充分讨论。因此，生态城市项目面临决策者、规划师和公民的不理解。
- 决策者和规划师经常怀疑生态城市的概念，因为城市的可持续发展与决策的替代方法（如社区参与）、新技术的实施（如污水处理或能源生成的试点项目）和新的组织方案（如多功能使用）紧密相关。这意味着对传统角色影响的薄弱，而且他们往往担心产生额外费用。
- 实现生态城市的一个重要前提是具有土地或至少土地所有者能够合作。另一个条件是，拟选择区域应具备土地利用的经济与高效原则地，并很容易地与高质量的公共交通网络相连。而这些要求总是不能得到充分的满足。

- 城市可持续发展是基于思想和行动的统一整合。这种整合理念往往被分散的行政结构、政治对抗和忽视公民的专业意见①所抑制。因此，一个生态城市项目的失败是由于缺乏合作的承诺，或无法理解问题或涉及的其他有关各方的作用。整体规划是苛刻和耗力的，因此并不是在所有角色之间能受到欢迎。

- 如果决策者、规划师和投资者接受可持续发展的模式，并愿意推动，如有必要，甚至是捍卫它，那生态城市的理念才能付诸实践。在最坏的情况下，生态城市会成为各党派的政治争议问题，可能失去政府和非政府组织的支持。

- 即使生态城市一般作为一个大项目进行规划，但在实施过程却是以更小规模进行的。如组织完善的小项目的集合，往往会有触及个体房产者利益的大量投资人，这就会引起当地的抵抗。

- 城市可持续发展的初始投资成本要高于传统项目，并只能在中期或后期达到盈亏平衡点（通过较低的运行成本，由于高效运行减少维护的需求）。这可能会吓跑潜在投资者，尽管生活成本的平衡显然是有利于生态城市的概念。生态城市的其他福利，如低排放或更好的生活质量，是不可计算的项目，因此往往受到经济和融资专家的忽视。

- 生态城市不是自给自足的幸福孤岛，它要植入到现有体系中（如道路、供水和污水处理系统和食品生产链）。因此，城市可持续发展的一些成果可能是模糊的，甚至被瓦解，而其他因素则在城市规划的影响范围之外。

- 由于缺乏对部分市民的承诺，生态城市的概念也会失败。对增加额外费用或担心财富和舒适的下降可能会导致项目中止。在某些情况下，目前尚不清楚谁将是一个地区未来的居民。另一方面，可能的居民对生态城市的要求太高或有矛盾而难以实现，这可能会导致不信任或不支持生态城市项目。

- 城市可持续发展的许多好处将只会在中期或长期实现，而在短期基础上，类似的生态成本在传统方法情况下也会产生（如土地利用、建材和额外的能源使用）。这是难以在政治层面上沟通，因为政治因素往往强烈关注短期取得成功。

---

① 对于有关"公民的专业意见"概念的进一步信息，见Saaristo（2000）。

- 危险的是决策者滥用城市可持续发展的标签，来减少对位于生态敏感区项目的争议与批评，而不是真正的承诺实施这些想法。

9.4.2　城市可持续发展的积极因素

除了城市可持续发展的障碍之外，同样也有许多积极因素有助于促进生态城市理念的实现。但是，如遇到障碍并不会就导致失败一样，以下几个因素中的也不一定能保证成功，因为成功取决于当地的具体情况。然而，某些因素似乎发挥了至关重要的作用，因为它们在这一领域经常与成功和创新的项目相联系：

- 成功的城市可持续发展特点往往是一个或多个关键主体的承诺，可能是个人（例如，一个政府人员、活动家或企业家）和/或其他各方面（如市政府、社区组织、政党或公司）。如果没有他们的远见，正在考虑的项目的承诺和决心将不会以同样的方式发展。
- 社区建设和参与是项目成功的一个典型特征。在这种情况下，重要的是市民、规划师与政府目标一致，并形成一个创新的氛围。政府和非政府主体之间，以及这两个群体之间信息的自由沟通和高度的信任至关重要。
- 规划过程中建立互利双赢联盟，往往更易成功。这意味着所有涉及的参与者（规划师、决策者、当地政府、土地所有者、投资者、市民等）可以从他们的参与中受益，并切身感知到这种益处。
- 可持续发展整体的政治支持，以及创新的方法和途径是另一个积极因素。形成联盟并同意妥协的能力，不仅是议会民主的一个基础，而且还是实现生态城市的基础。
- 编制不同方案是一个很好的工具，以凸显多种方案作为协商和决策的一种辅助作用。
- 在有环境问题意识和具备成熟环保法律法规的社区里，更容易实现生态城市项目。这些社区已经有安全和健康的高环境要求。同样，如果城市在过去经历了成功的社区参与过程，那么生态城市规划的参与方面更容易付诸实践（建立在现有的社会资本上[①]）。
- 成功的项目往往位于值得保护的环境周边。既要为了维持高品质的生活，也要避免对生物圈造成额外负担，需要做出比平常更多的努

---

① 在城市可持续发展的情况下，社会资本既是一个重要的前提，又是一个整体和成功的规划方法的一个有价值的结果。

力，以实现生态城市的目标。

- 如果政府拥有该地区的所有权，那么更容易发展生态城市项目。这预示来自市政管理及其决策者对城市可持续发展的支持。

- 一个生态城市项目的成功实现，可以增加吸引力以及城市声誉。在旅游或经济领域，这些都是重要的市场因素。

推荐阅读文献

为了解在这本书中处理的一些主题的更详细的信息，推荐一些书籍和网站：

规划

- DCBA方法：由Kees Duijvestein（BOOM，代尔夫特）提出的生态城市规划的规划技术和评估工具，http://www.boomdelft.nl/index.php?id=116

- Messerschmidt, R. (2002) NetzWerkZeug. Nachhaltige Stadtentwicklung——可持续发展的城市规划。2002年8月10日。http://www.netzwerkzeug.de

- Messerschmidt, R. (2003) NetzWerkZeug Nachhaltige Stadtentwicklung - Anwendung Karlsruhe Südost. Wohnbund Informationen Nr.1/2003. 4.3.2005 http://wohnbund.de/images/wohnbundinfos/wohnbund-info_2003_01.pdf

- 当地交通绩效：由Senter Novem开发的综合城市规划的"自下而上"设计和进程方法http://www.ecocityprojects.net

- 开得慢走得快：由Senter Novem提出的公路干线的设计理念，以便更好的交通流动http://www.ecocityprojects.net

- 城市设计和交通——Bach工具箱的选择：由B. Bach, E. van Hal, M. de Jong and T. de Jong（2006），CROW, Ede编辑

- NEUES BAUEN MIT DER SONNE - Ansätze zu einer klimagerechten Architektur（2.Auflage），Treberspurg, M.（1999），Springer Verlag, Wien：这本书给出了一个太阳能建筑的原则和调查方法

- AHWAHNEE原则：关注一个事实，即市区和郊区发展的现有模式严重损害我们的生活质量，加利福尼亚州地方政府委员会（LGC公司）已制定了规划和社区发展的基本原则，从而使这些社区可以更成功地为那些生活和工作在其中的人们的需求服务。LGC公司是一个非营利性成员组织，由地方选举产生的官员、市和县的职员、规划师、建筑师、和致力于使他们的社区更适宜居住、更繁荣和更节能的社区领导者组成。http://www.lgc.org/ahwahnee/principles.html

- EXPERIMENTELLER WOHNUNGS - UND STÄDTEBAU（ExWoSt, 实验楼建筑和城市发展）：德国联邦政府（Bundesministerium für

Verkehr, Bau und Stadtentwicklung）促进有关研究规划ExWoSt中重要的城市发展和住房管理问题的创新规划和措施，并由Bundesamt für Bauwesen und Raumordnung（BBR），德国信息来处理。http://www.bbr.bund.de/nn_21288/DE/Forschungsprogramme/Experimenteller WohnungsStaedtebau/experimentellerwohnungsstaedtebau_node.html?_nnn=true

规划对一些特定领域展开了研究，例如，城市发展和城市交通（Stadtentwicklung und Stadtverkehr）（http://www.bbr.bund.de/cln_005/nn_21888/DE/Forschungsprogramme/ExperimentellerWohnungsStaedtebau/Forschungsfelder/Stadtentwic klungStadtverkehr/01__Start.html）或者混合使用（Nutzungsmischung im St?dtebau）（http://www.bbr.bund.de/cln_005/nn_21888/DE/Forschungsprogramme/ExperimentellerWohnung sStaedtebau/Forschungsfelder/NutzungsmischungStaedtebau/01__Start.html）

参与，互动

- 行动规划：如何通过规划和城市设计行动小组来以改善你的环境，由威尔士亲王建筑学院的Nick Wates (1996)编译和编辑（http://www.nickwates.co.uk/books.htm）
- 社区规划手册：人们如何能在世界各地塑造自己的城市、城镇和村庄，由Nick Wates (1999)编辑（http://www.earthscan.co.uk/?tabid=970）
- 社区规划：由约翰·汤普森与合作伙伴编辑的社区参与项目实例，包括一个共识主导的规划方式（http://www.communityplanning.net）
- PERSPEKTIVENWERKSTATT：由Andreas von Zadow (1997)编辑的行动规划方法的德国扩展版本（http://gmbh.vonzadow.de/publikationen_buecher）

评估，评价

- BREEAM：新建和既有建筑的环境性能评估方法：办公楼、房屋（以生态房屋而著称）、厂房、商场、学校及其他，主要是面向建设水平，但包括一些城市规划规模指标（http://products.bre.co.uk/breeam/index.html）
- ECOLUP：为验证和证明面向EMAS II 要求的生态土地利用规划的研究项目（www.ecolup.info）

- 欧洲通用指标，对于当地可持续发展的框架：项目的最终报告，意大利环境研究所（2003），米兰（http://europa.eu.int/comm/environment/urban/pdf/eci_final_report.pdf）

- 邻里发展评价体系LEED：它将精明增长原则、城市化和绿色建筑集成到邻里设计的第一个国家标准中，并详细阐述了美国绿色建筑委员会、新城市化的国会和自然资源保护委员会之间的合作。（http://www.usgbc.org/DisplayPage.aspx?CMSPageID=148）

- 可持续的项目评估程序（SPeAR®）：Arup公司开发了一种工具，以展示项目的可持续发展过程或被用来作为信息管理工具以及作为设计过程的一部分的产品（http://www.arup.com/ environment/feature.cfm?pageid=1685）

- 可持续发展的价值图：由克里斯·巴特斯（NABU）开发的城市可持续发展的评价工具（http://www.arkitektur.no/files/file46226_urban_ecology.pdf）

项目实例

- 沃邦论坛：Nachhaltige Stadtentwicklung beginnt im Quartier，弗莱堡沃邦住宅区规划和实施过程中开发的手册（http://www.vauban.de/info/vauban-cd.html，在德国，用英语总结）

- KRONSBERG模式：Hannover Kronsberg——可持续发展的新城市社区模型（http://www.hannover.de/data/download/umwelt_bauen/h/han_kron_realisierung_ en.pdf），一开始作为2000年"Kronsberg生态优化"展览会项目的Kronsberg新社区的实施，其展览会包括能源效率优化、水资源管理、废物管理、土壤管理和环境改善（http://www.hannover.de/data/download/umwelt_bauen/s/mokro27-31.pdf）

- 马尔默，明日的质量方案Bo01城市，1999年：在开发商、Bo01和马尔默市之间的有关为2001年在瑞典马尔默市的欧洲住房展览Bo01设计的Västra Hamnen（西港）区的新邻里的联合协议，描述了有关各方承诺的最低质量水平，以保证建筑的性能、材料、技术和工艺 http://www.ekostaden.com/pdf/kvalprog_bo01_dn_eng.pdf

- 美因茨，BIETERVERFAHREN - ARTILLERIEKASERNE，Modellvorhaben ökologisches und kostengünstiges Bauen an der Kurt-Schuhmacher-Straße，Wohnbau Mainz GmbH：城市规划竞赛的文件资料，其中包括可持续能源和交通的概念、德国研究计划

ExWoSt（Experimenteller Wohnungs - und Städtebau）模型项目的目标和标准http://www.fm.rlp.de/Bauen/Experimentelles_Bauen/pdf_Experimentelles_bauen/gonsenheim_dokumentation.pdf

- 太阳能城市LINZ PICHLING（建于1999-2005）：在轨道交通站点周围设计一个新的住宅区，其考虑了许多生态环境问题，重点是太阳能建筑

- 可持续的城市设计——理念与实践：由Martin Dubbeling 和 Anthony Marcelis、Beursloge Projecten Foundation Amsterdam (2005)、瓦赫宁根的Blauwdruk 出版社编辑出版

- 土地利用和交通，对欧洲一体化政策的研究：于2007年由斯蒂芬·马歇尔、巴特利特规划学校、英国伦敦大学学院、大卫·班尼斯特、交通研究所、英国牛津大学环境中心、牛津爱思唯尔编辑

这本书汇报了在欧盟第五框架规划的"明日之城"的关键行动中的一系列PLUME网络（欧洲的规划和城市交通）项目，其中包括生态城市项目

建设部门的大多数现有的评估工具已经被开发，以评估在可获得的详细数据的情况下的先进规划阶段的单一建筑，如建材。三个知名的工具加上一个汇编材料，如下：

- BREEAM新建及既有建筑的环境性能评估方法：办公楼、住宅（以生态房屋而著称）、厂房、商场、学校及其他。

- LEED（能源与环境设计的领导者——绿色建筑评估体系™）：LEED是全球公认的高性能绿色建筑设计、建造和操作的基准，由LEED评估体系委员会在美国绿色建筑委员会的框架内开发。

- LEGEP：在德国的所有建筑规划阶段中的规划支持和对生命周期、能源、健康和成本的评价

- CRISP：建设与城市可持续发展的相关指标——现有的方法和指标汇编

参考文献

第1章

Camagni, R.–Capella, R.–Nijkamp, P. (1998): Towards sustainable city policy: an economy-environment technology nexus, in: *Ecological Economics*, Vol. 24. No. 1, pp. 103-118.

Castells, M. (2000): Urban sustainability in the information age, in *City: analysis of urban trends, culture, theory, policy, action*, Vol. 4. No. 1, pp. 118-122, Editor: Bob Catterall, Routledge, Abingdon, UK.

Commission of the European Communities (1998): *Sustainable Urban Development in the European Union: A Framework for Action*; Communication from the Commission to the Council, the European Parliament, the Economic and Social Committee and the Committee of the Regions, Brussels

Commission of the European Communities (2004): *Towards a thematic strategy on the urban environment*; Communication from the Commission to the Council, the European Parliament, the Economic and Social Committee and the Committee of the Regions, Brussels

European Commission, DG Research (1998-2002): *Guide for proposers*, RTD Priority 4.4.1 "Strategic approaches and methodologies in urban planning towards sustainable urban transport", Key Action 4: "City of tomorrow and cultural heritage" of the Thematic Programme "Energy, environment and sustainable development" within the 5th Framework Programme.

European Environment Agency, *EEA multilingual environmental glossary*, http://glossary.eea.eu.int/EEAGlossary/M/mobility. [accessed: January 2005]

Marshall, S., Lamrani, Y. (2003): Planning and Urban Mobility in Europe (PLUME), *Synthesis report: land use planning measures*, p. 1, http://www.lutr.net/deliverables/doc/SR_Land_Use_Planning_v12.pdf [accessed: March 2005]

Roseland, M. (1997): "Dimensions of the eco-city" in CITIES: *The international journal of urban policy and planning*, Vol. 14 (4), pp. 197-202.

United Nations University, Institute of Advanced Studies (2002): *The Shenzhen Declaration on EcoCity development*, http://www.ias.unu.edu/proceedings/icibs/ecocity03/declaration.doc [accessed: January 2005].

World Commission on Environment and Development (1987): *Our Common Future*; Oxford University Press, New York

General Assembly Forty-second Session, A/42/427, August 4th 1987, p. 24, http://www.runiceurope.org/german/umwelt/entwicklung/rio5/brundtland/A_42_427.pdf [accessed: March 2005]

第2章

Alonso, P., José, R. (1998): *La ciudad lineal de Madrid*, Fundación Caja de Arquitectos. Madrid

Baccini, P., Oswald, F. (1998): *Netzstadt. Transdisziplinäre Methoden zum Umbau urbaner Systeme*, Vdf, Zürich.

Commission of the European Community EC (2004): *Towards a thematic strategy on the urban environment*, Brussels.

Commission of the European Community, EC Communication 264 (2001): *A sustainable Europe for a better world – a European Union strategy for sustainable development*, Communication from the Commission.

Commission of the European Community, EC Directive 91 (2002): *Directive 2002/91/ EC of the European Parliament and of the Council of 16 December 2002 on the energy performance of buildings.*

Commission of the European Community EC (2001): *White paper on European transport policy for 2010 – Time to decide,* Luxembourg.

Engwicht, D. (1992): *Towards an eco-city. Calming the traffic.*Envirobook, Sydney.

European Climate Change Programme (ECCP) (2003): *Second ECCP progress report. Can we meet our Kyoto targets?* http://europa.eu.int/comm/environment/climat/eccp.htm [accessed: 21 June 2004].

European Commission (1990): *Green paper on the urban environment* (City and Environment), Brussels.

European Environment Agency (EEA) (2002): *Europe's environment: the second assessment*, European Communities,Luxembourg.

European Environment Agency (EEA) (2003): *Europe's environment: the third assessment*, European Communities, Luxembourg.

European Environment Agency (EEA) (2004): Environmental themes: areas: urban environment. http://themes.eea.eu.int/Specific_areas/urban [accessed: 31 January 2005].

Feldtkeller, A. (Editor) (2001): *Städtebau: Vielfalt und Integration*, DVA, Stuttgart.

Gehl, J. (2001): *Life between buildings. Using public space.*Translated by Jo Koch.Fifth Edition. The Danish Architectural Press, Copenhagen.

Hall, P. (1988, 1996): Cities of tomorrow. *An intellectual history of urban planning and design in the twentieth century*, Blackwell Publishing, London.

Howard, E. (1965, 2001): *Garden cities of tomorrow,* Faber Paper Covered Editions, Books for Business.

Jacobs, J. (1961, 1994): *The death and life of great American cities*, Random House, Penguin Books.

Kelbaugh, D. (Editor) (1989): *The pedestrian pocket book: a new suburban strategy*, Princeton Architectural Press.

Kropotkin, P. (1992): Fields, *factories and workshops*. Transaction Publishers.

McHarg, I. L. (1969, 1992): *Design with nature*, John Wiley and Sons.

Mumford, L. (1961, 1989): *The city in history: its origins, its transformations and its prospects*. Harcourt Inc., New York.

Newman, P., Kenworthy, J. (1999): *Sustainability and cities: overcoming automobile dependence*, Washington, DC.

Nijkamp, P. et al. (1998): *Transportation planning and the future*, John Wiley and Sons.

Register, R. (1987): Ecocities: *building cities in balance with nature*, Berkeley Hills Books, California.

Rogers, R. (ed. Gumuchdijan, P.) (1997): *Cities for a small planet*, based on 1995 Reith Lectures for BBC Radio, London.

Rudlin, D., Falk, N. (URBED) (1999): *Building the 21st century home. The sustainable urban neighbourhood*, Architectural Press, Oxford.

Rueda, Salvador (1996): *Ecologia urbana: Barcelona i la seva regió metropolitana com a referents*, Beta Editorial, Barcelona.

Sieverts, T. (1998): *Zwischenstadt: zwischen Ort und Welt, Raum und Zeit, Stadt und Land*, Vieweg.

Soria y Puig, A. (1996): *Cerdà, las cinco bases de la teoría general de la urbanización.* Ed. Electa España, Madrid.

Whitelegg, J. (1993): *Transport for a sustainable future, the case for Europe*, Belhaven Press, London and New York.

Wythe, W. (2001): *Project for public spaces*, New York.

Wythe, W. H. (1980): *The social life of small urban spaces*, The Conservation Foundation, Washington DC.

第4章

Commission Expert Group on Transport and Environment, Working Group I (2000) *Defining an environmentally sustainable transport system*；September 2000, http://ec.europa. eu/environment/trans/reportwg1.pdf [accessed 2.11.2007]

Cited from: *Integrating the Environmental Dimension. A strategy for the Transport Sector. A status report* (1999)

Duijvestein, C.A.J. (1994): Re-allocation in relation to sustainable building in: 12th UIA-UNESCO seminar, Re-allocation of Buildings, A sustainable future for educational and cultural spaces ?, UIA Working Group "Educational and Cultural Spaces", Breda,

TU Delft - Verkeersadviesburo Diepens en Okkema (2004): *Definiering begrippenkader autotoegankelijkheid, en stedebouwkundige verkenning*, Delft

UNITED NATIONS (1998): *Kyoto Protocol to the United Nations Framework Convention on Climate Change*, Annex B, Quanti?ed emission limitation or reduction commitment (percentage of base year or period) http://unfccc.int/resource/docs/convkp/kpeng.pdf [accessed 02.11.2007]

University of Amsterdam (UvA), SenterNovem, (2002): *Vervoersprestatie Regionaal*, SenterNovem, Utrecht.

Van Leeuwen, C.G. (1973) *'Ekologie'. Fac. Bouwkunde*, D.U.T. Delft. NL

Van Timmeren, A.；Eble, J.；Verhaagen, H. & Kaptein, M. (2004) *'The Park of the 21st century: agriculture in the city'* Wit Press, Southampton

World Health Organisation (2002) *Community participation in local health and sustainable development: Approaches and techniques*, European Sustainable Development and Health Series: 4, World Health Organisation.

第5章

Alberti, M., Solera, G. (1994): *La Città sostenibilie, analisi, scenari e proposte per un'ecologia urbana in Europa*, FrancoAngeli, Milan.

Alexander, C. (2002): *The nature of order. Book two: the process of creating life.*The Center for Environmental Structure, Berkeley.

Blundell Jones, P., Petrescu D., eds. (2005): *Architecture and participation*. Spon Press, London and New York.

Brandon, P., Lombardi, P. (2005): *Evaluating sustainable development in the built environment*, Blackwell Publishing, Oxford, Malden and Victoria.

Diers, J. (2004): *Neighbor power, building community the Seattle way*, University of Washington Press, Seattle and London.

European Commission (1999): *A green Vitruvius, principles and practices of sustainable architectural design*, Commission of the European Communities.

Faludi, A., Van der Valk, A. (1994): *Rule and order, Dutch planning doctrine in the twentieth century*, Kluwer Academic Publishers, Dordrecht, Boston, London.

Folch, R, et al (2000): *Planeamiento y sostenibilidad: los instrumentos de ordenación territorial y los planes de acción ambiental*, Collegi d' Arquitectes de Catalunya, Barcelona.

Habraken, N. J. (1998): *The structure of the ordinary, form and control in the built environment*, The MIT Press, Cambridge, Massachusetts; London, England.

Hewitt, N. (1995): *European Local Agenda 21 planning guide. How to engage in long-term environmental action planning towards sustainability*, ICLEI European Secretariat GmbH, Freiburg.

Ministerio de Medio Ambiente (2003): *Bases para la evaluación de la sostenibilidad en proyectos urbanos*, Centro de Publicaciones, Madrid.

Rueda, S. et al (1999): *La ciutat sostenible: un procés de transformació*, Ajuntament de Girona, Universitat de Girona.

Sclove, R. E., (1995): *Democracy and technology*. The Guilford Press, New York.

Urban Task Force (1999): *Towards an urban renaissance*, Department of the Environment, Transport and the Regions, London.

Velázquez, I. (2003): *Criterios de sostenibilidad aplicables al planeamiento urbano*, IHOBE, Gobierno Vasco.

Verdaguer, C. (2003): "Por un urbanismo de los ciudadanos" in *Ecología y ciudad: Raíces de nuestros males y modos de tratarlos*, El Viejo Topo, Spain, pp. 175-197.

Verdaguer, C. (2000): "De la sostenibilidad a los ecobarrios" in *Ciudades Habitables y solidarias, Documentación Social*, nº 119, pp. 59-79. Madrid.

Wates, N. (2000): *The community planning handbook*. Earthscan, London.

第6章

Albers, G. (1996) *Stadtplanung - Eine praxisorientierte Einführung.*Primus-Verlag. Darmstadt.

Battle, G. + McCarthy, C. (2001) *Sustainable Ecosystems and the built environment.*Wiley Academy.Chichester.

Daab, K. (1996): *Analyse- und Entwurfsmethodik für einen ökologisch orientierten Städtebau*. Dissertation bei Prof. Curdes RWTH Aachen.Dortmunder Vertrieb für Bau- und Planungsliteratur. Dortmund.

Duijvestein, K. (2004) *The Environmental Maximisation Method*. 6.12.2004

Kohler, N. & Russel, P. (2004), *Vorlesungsscript Integrale Planung Institut für industrielle Bauproduktion IFIB University Karlsruhe*; http://www.ifib.uni-karlsruhe.de/web [accessed: 9.8.04]

Müller-Ibold, K. (1997) *Einführung in die Stadtplanung*. Kohlhammer. Stuttgart

Roos, H. (1997) in: Jessen, J. + Roos, H.+ Vogt, W. *Stadt-Mobilität-Logistik. Perspektiven, Konzepte und Modelle.*Birkhäuser. Basel.

v. Zadow, A. (1997) *Perspektivenwerkstatt - Hintergründe und Handhabung des Community Planning Weekend*. Deutsches Institut für Urbanistik. Berlin

Wates, N. (1996) *Action Planning: How to use planning weekends and urban design action teams to improve your environment*. The Prince of Wales's Institute of Architecture. London.

http://www.nickwates.co.uk/books.htm (accessed October 2007)

第8章

Bezák, B. (2004): *Elements of the sustainable spatial arrangement of the road*, VEGA, No 1/0311/03, Partial Results, STUBA, Bratislava.

Rakšányi, P. (2000): "Comprehensive transport master plans" in *Umweltorientierende Bewertungsmethoden in dem Verkehrund der Raumplanung*, Infrastructural and technical aspects in spatial planning, SPECTRA, TEMPUS Publication, ROAD, Bratislava, p.398-417.

第9章

Ball, P. (2003): *Utopia theory*, http://physicsweb.org/articles/world/16/10/7 [accessed: 23 November 2004].

Cameron, S., Davoudi, S., Healey, P. (1997): *Medium-sized cities in Europe*. Office for Official Publications of the European Communities, Luxembourg.

Empacher, C., Wehling, P. (1999): *Indikatoren sozialer Nachhaltigkeit – Grundlagen und Konkretisierungen*, ISOE Diskussionspapiere 13, Institut für sozial-ökologische Forschung (ISOE), Frankfurt.

Jöns, K. (2002): "Offene Koordinierung" in *Gesellschaftspolitische Kommentare* (2), pp. 18-20.

Koskiaho, B. (1994): *Ecopolis: conceptual, methodological and practical implementations of urban ecology*. Ministry of the Environment, Helsinki.

Koskiaho, B. (1997): *Kaupungista ekokaupungiksi: Urbaanin ekologian Eurooppa*. (From city to ecocity) Gaudeamus, Tampere.

Kunz, J. (2004): *Living and housing in Hervanta – lessons for the case of Vuores? An analysis from the perspective of urban sustainable development.*University of Tampere, Tampere.

Larsson, A. (2002): *The new open method of co-ordination – a sustainable way between a fragmented Europe and a European supra state?*, lecture at Uppsala University on 4 March 2002.

Putnam, R. (1993): *Making democracy work: civic traditions in modern Italy*, Princeton University Press, Princeton.

Saaristo, K. (2000): *Avoin asiantuntijuus: Ympäristökysymys ja monimuotoinen ekspertiisi* (Open expertise), Nykykulttuurin tutkimuksen julkaisuja, Jyväskylän yliopisto, Jyväskylä

生态城市项目团队

参与机构（合伙人）和他们的团队的成员

1）**维也纳经济大学环境经济与管理系**：Uwe Schubert, Raimund Gutmann, Irmgard Hubauer, Bernhart Ruso, Franz Skala, Florian Wukovitsch

2）**资源管理机构**：Hans Daxbeck, Stefan Neumayer, Roman Smutny

3）**NAST咨询Ziviltechniker股份有限公司**：Friedrich Nadler, Manfred Blamauer, Ottilie Hutter, Birgit Nadler, Robert Oberleitner, Andrea Sichler

4）**Stadtgemeinde Bad Ischl**：Thomas Siegl

5）**Treberspurg & Partner ZT 股份有限公司**：Martin Treberspurg, Wilhelm Hofbauer, Nikolaus Michel

6）**Raumplanung und Ländliche Neuordnung研究所，Universität fuer Bodenkultur**：Gerlind Weber, Florian Heiler, Theresia Lung, Olaf Lubanski, Thomas Kofler

7）**VTT，芬兰技术研究中心**：Kari Rauhala, Marja Rosenberg, Jyri Nieminen, Sirkka Heinonen

8）**坦佩雷市**：Pertti Taminen, Outi Teittinen, Jouni Sivenius, Jarmo Lukka

9）**坦佩雷大学**：Briitta Koskiaho, Jan Kunz, Helena Leino

10）**Plancenter有限公司**：Satu Lehtikangas, Seppo Asumalahti, Kirsti Toivonen, Perttu Hyöty, Jussi Sipilä, Teuvo Leskinen

11）**TU-技术有限公司**：Philine Gaffron, Carsten Gertz, Tina Wagner

12）**Joachim Eble建筑学**：Joachim Eble, Rolf Messerschmidt, Sabine kämpermann

13）**Stadt Tübingen**：Sybille Hartmann

14）**ebök – Ingenieurbuero für Energieberatung, Haustechnik und ökologische Konzepte GbR**：Olaf Hildebrandt

15）**斯洛伐克技术大学，土木工程系**：Koloman Ivanička, Dušan Petráš, Jozef Kriš, Katarína Bačová, Jana Šabíková, Rastislav Valovič, Kristián Szekeres Ján Morávek, Igor Ripka, Jindrich Kappel, Alica Gregáňová, Milan Skyva, Ľubica Nagyová, ALžbeta Sopirová, Ladislav Lukáč, Boris Rakssányi, Danka Barloková, Milan Ondrovič, Adriaan Walraad, Robert Schnüll, Zuzana Bačová

16）**特尔纳瓦市的自治区机关**：Milan Horák, Milan Hába, Marcela Malatinská, Jarmila Garaiová, Pavel Ďurko

17）**斯洛伐克科技大学，建筑学院**：Jan Komrska, Peter Gál, Maroš Finka, Bohumil Kováč, Robert Špaček, Henrich Pifko, Jaroslav Coplák, Matej Jasso, Ľubica Vitková, Jana Gregorová, Dagmar Petríková, Ingrid Belčáková, Ondrej Bober, Ján Pašiak, Mária Strussová

18）**Peter Rakšányi, Autorizovany inzinier, 规划局**：René Balák, Martin Gregáň, Dušan Mrva, JöRN Janssen, Jana Rakšányiová, Beata Baranová, Petra Rakšányiová

19）**塞切尼·伊什特万大学**：Attila Borsos, Tamás Fleischer, Tamás Gortva, István Hausel, Zsolt Horváth, Csaba Koren, Péter Tóth, Zsuzsanna Tóth

20）**Gyoer市**：Győző Cserhalmi, Iván Németh, Zoltán Nyitray, Zoltán Pozsgai, Attila Takács

21）**Városfejlesztés Rt./ SCET – Hongrie SA. d'Amenagement Urbain**：Gábor Aczél, Zita Csemeczky, Berta Gutai, Péter Farkas

22）**Grupo de Estudios y Alternativas 21 S.L.:** Isabel Velazquez, Carlos Verdaguer

23）**John Thompson与合作伙伴：**Fred London, Andreas von Zadow

24）**Progettazione per il Restauro L'Architettura e L'Urbanistica:** Francesca Sartogo, Valerio Calderaro, Giovanni Bianchi, Massimo Serafini, Carlo Brizioli, Valentina Chiodi, Pierpaolo Palladino, Isabella Calderaro

25）**Agenzia per l'energia e l'Ambiente della Provincia di Perugia S.P.A.：**Cesare Migliozzi, Catia Vitali, Francesca Di Giacomo, Alessandro Canalicchio, Federica Lunghi, Francesca Pignattini

26）**SenterNovem:** Gé Huismans, Albert Jansen, Evert-Jan van Latum

27）**Angewandte Wirtschaftsforschung研究所：**Sigried Caspar

28）**Ecoazioni –当地可持续发展：**Massimo Bastiani, Virna Venerucci

29）Arbeitsgemeinschaft Mayerhofer Stadlmann:Rainer Mayerhofer, Burkhard Stadlmann, Herbert Wittine

30）格拉茨技术大学，热能工程研究所：Wolfgang Streicher, Thomas Mach, Siegfried Gadocha